CHRISTIAN POLZ

AGILE TEAM ARBEIT

Mit menschlich-agilem Leadership Teams und Unternehmen erfolgreich in die Zukunft führen

BusinessVillage

Christian Polz
Agile Teamarbeit
Mit menschlich-agilem Leadership Teams und
Unternehmen erfolgreich in die Zukunft führen
2. Auflage 2022
© BusinessVillage GmbH, Göttingen

Bestellnummern
ISBN 978-3-86980-466-8 (Druckausgabe)
ISBN 978-3-86980-467-5 (E-Book, PDF)

Direktbezug unter www.BusinessVillage.de/bl/1073

Bezugs- und Verlagsanschrift
BusinessVillage GmbH
Reinhäuser Landstraße 22
37083 Göttingen
Telefon: +49 (0)5 51 20 99-1 00
Fax: +49 (0)5 51 20 99-1 05
E-Mail: info@businessvillage.de
Web: www.businessvillage.de

Layout und Satz
Sabine Kempke

Illustrationen im Buch
Sonja Kröll, www.mimikro.de

Autorenfoto
Picture People, www.picturepeople.de

Druck und Bindung
www.booksfactory.de

Inhalt

Über den Autor

Christian Polz ist Inhaber und Geschäftsführer von 3P-Leadership. Der Berater, Coach, Trainer, Supervisor und Autor coacht und trainiert seit über fünfzehn Jahren erfolgreich Vorstände, Geschäftsführer und Führungskräfte aller Managementebenen. Zudem ist der mehrfache Deutsche Meister im Judo Experte für Agilität, Führung, Teamentwicklung, Changemanagement und Konfliktmanagement.

Kontakt
Mail: polz@3p-leadership.de
Internet: www.3p-leadership.de

Vorwort

Wir mögen es digitale Transformation oder digitale Revolution nennen – auf jeden Fall stehen wir vor gewaltigen Veränderungsprozessen. Dabei wird meiner Beobachtung nach die Digitalisierung allzu oft als technologischer Prozess und technologische Herausforderung gesehen, während es sich doch eher um eine kulturelle, also eine menschlich soziale Herausforderung handelt. Allzu oft werde ich in meiner Funktion als Berater und Trainer von den Verantwortlichen in den Unternehmen aufgefordert:»Herr Polz, sagen Sie uns, wie wir das besser machen sollen, und sorgen Sie dafür, dass unsere Teams und unsere Mitarbeiter endlich agil arbeiten können.« Auf meine Frage, ob denn die Menschen, ob die Teams und Mitarbeiter, auch die Leitenden, kurz: ob das Unternehmen denn schon darauf vorbereitet sei, agil zu arbeiten, ernte ich erstaunte und ungläubige Blicke. Der Rest ist Schweigen.

In der Diskussion um die Digitalisierung stehen technologische Fragestellungen im Mittelpunkt, der menschliche Aspekt kommt zu kurz. Die Folgen hat Jens Grübner vom BusinessVillage Verlag, in dem dieses Buch erscheint, in einem Gespräch mit mir so beschrieben: Die Mitarbeiter drohen in digitalen Zeiten unter Effizienzaspekten und steigender Performance zur Marginalie zu verkommen. Doch wenn Menschen nur noch wie Maschinen funktionieren, können sie auch nur Leistungen wie Maschinen erbringen. Kreativität und Engagement bleiben auf der Strecke. Diese Eigenschaften sind aber in einer immer komplexeren Welt erforderlicher denn je.

Bei der Digitalisierung droht der Mensch ins Hintertreffen zu geraten. In diesem Satz spiegelt sich meine zentrale Befürchtung. Und darum möchte ich der Frage nachgehen, wie ein menschlich-agiles Leadership-Konzept aufgebaut sein muss, mit dem agile Teamarbeit gelingt und bei der der menschliche Faktor wieder mehr in den Mittelpunkt rückt. Eine Ausgangsüberlegung dabei ist: Agile Teamarbeit braucht wieder mehr Führung. Agilität lässt sich durch Enthierarchisierung erreichen, aber nicht durch den Wegfall oder die Reduktion von Führung. Oder durch weniger Führung. Vielleicht braucht agile Teamarbeit sogar mehr Führung als traditionelle

Teamarbeit. Aber eben eine andere Art von Führung – eine Führung, die darauf abhebt, die Mitarbeiter mit den agilen Methoden vertraut zu machen, sie zu befähigen, agil im Team zu arbeiten.

In diesem Buch geht es nicht darum, Ihnen Teamarbeit zu erklären. Oder darum, Ihnen eine Schritt-für-Schritt-Anleitung zu einer agileren Teamarbeit mit auf den Weg zu geben. Denn wahrscheinlich verfügen Sie über reichhaltige Erfahrungen im Umgang mit Teams. Es geht vielmehr um die Frage, wie Sie in digital-agilen Zeiten bei Ihrer Teamarbeit (wieder) mehr den Menschen und seine Bedürfnisse in den Vordergrund stellen und Führungssouveränität aufbauen.

Nach einer Einleitung in das Thema erläutere ich meine Antwort mithilfe von elf Bausteinen:

- Durch die Entwicklung der Führungskraft zur coachenden Führungspersönlichkeit, die den Menschen in den Fokus rückt (Baustein 1 und 2), und Hilfe zur Selbsthilfe anbietet (Baustein 2) entsteht Teamintelligenz (Baustein 3).
- Durch das Leadership-Konzept (Baustein 4) ist es möglich, eine Teampersönlichkeit auszubilden (Baustein 5) und auch hoch entwickelte agile Teams zu betreuen (Baustein 6).
- Um Leadership zu realisieren, benötigt die Führungspersönlichkeit einen Mix aus agilen und klassisch-traditionellen Methoden (Baustein 7), auch, um problematische Situationen im Team wie Konflikte (Baustein 8) und Veränderungs- und Entscheidungsprozesse (Baustein 9) zu lösen und zu bewältigen.
- Bei der Ein- und Durchführung sollte die coachende Führungspersönlichkeit darauf achten, in keine der zahlreichen Stolperfallen zu stürzen (Baustein 10). Dann kann sie Führungsstilsouveränität und Führungssouveränität entwickeln und der Zukunft der Teamarbeit in ihrem Verantwortungsbereich mit einem Lächeln entgegenblicken (Baustein 11).

Letztendlich mündet die Darstellung der Bausteine in ein Führungsmodell (in Baustein 11) ein, das Ihnen hilft, die Führungsherausforderungen der Zukunft zu meistern. Dazu dienen übrigens auch die Denkanstöße, die Sie jeweils am Schluss eines Bausteins finden, und die Fragen und Übungen, die dazu dienen, sich mit den jeweiligen Inhalten eines Bausteins näher auseinanderzusetzen.

Bevor es losgeht, möchte ich einigen Menschen danken, ohne deren Hilfe dieses Buch nicht hätte entstehen können. Ein Buch ist immer eine Teamarbeit:

Mein besonderer Dank gebührt meinem Bruder Marcus Polz und meinen Judofreunden (die Freundschaften haben bis heute noch Bestand), die mir als Judosparringspartner zu beeindruckenden Erfahrungen im Judosport verholfen haben, die in dieses Buch eingeflossen sind. Mit großer Dankbarkeit blicke ich zurück auf die Zeit, als meine Eltern mit großem Engagement an endlosen Wochenenden viel Zeit für mich und meinen Bruder aufgebracht haben, sodass wie diesen Sport ausüben konnten. Ebenso danke ich meinem Ausbildungsverein TSV Großhadern, bei dem ich diesen tollen Sport lieben gelernt habe.

Großer Dank gilt meinen Trainern, denen ich im Laufe meiner Judokarriere begegnen durfte. Das, was sie mir über den Judosport als Teamerlebnis beigebracht haben, hat unmittelbar zur Entstehung dieses Buches geführt und ist in die Judo-Passagen eingeflossen. Wenn dort von »meinem Judolehrer« die Rede ist, sind alle diese Trainer gemeint.

Christian Hoffmann, Jens Grübner und dem Team von BusinessVillage danke ich für die professionelle Begleitung und den Mitarbeitenden von 3P-Leadership für ihre Mitwirkung und Unterstützung. Und ein besonders herzliches Dankeschön geht an meine Familie für ihren Zuspruch und ihre Ermutigung.

Jetzt aber lassen Sie uns beginnen!

Ihr Christian Polz

Mit der Energie des Teams Ziele erreichen

Ich stehe vor einem schwierigen Termin. Ein Unternehmen, in dem es an gleich mehreren Stellen heftig knirscht, hat mich als Supervisor gerufen. Die Situation ist verworren, trotz mehrerer Vorgespräche lässt sich die Lage immer noch nicht komplett aufdröseln. Die Ausgangsposition: Unter dem Dach einer Holding sind mehrere Standorte eines Unternehmens zusammengelegt worden, die zuvor nichts miteinander zu tun hatten. Nun soll, nun muss zusammenwachsen, was zwar formal zusammengehört, aber menschlich nicht passen will. Nach der Fusion treffen gleich mehrere Unternehmenskulturen aufeinander, weil die Niederlassungen des Unternehmens zuvor zwar zu einem Mutterkonzern gehörten, aber im Prinzip eigenständig agiert haben. So konnten sich unterschiedliche standortgeprägte Umgangsweisen entwickeln: Während sich in der einen Unternehmensniederlassung eine partnerschaftlich-kooperative Unternehmenskultur entwickeln konnte, hat sich in einer anderen eine Kultur etabliert, die eher als patriarchalisch bezeichnet werden muss. Also: Hier regierten Direktiven, dort Vereinbarungen.

Die Folgen der unternehmensinternen Fusion sind fatal: Denn nun findet sich zum Beispiel ein Abteilungsleiter, der einen autoritären Führungsstil gepflegt hat, unversehens in einer Abteilung mit flachen Strukturen und Hierarchien wieder. Formal ist er zwar noch immer Abteilungsleiter, de facto aber nur noch ein Teamleiter, der mit Mitarbeitern zurechtkommen muss, die seinen autoritär angehauchten Führungsstil ablehnen. Zu allem Überfluss muss er auch noch mit einem anderen Teamleiter gemeinsam die Führungsarbeit organisieren. Dieser Führungskollege gehört dem – Originalzitat – »partnerschaftlich-kooperativen Lager« (!) an. Wenn Sprache entlarvend sein kann, so ist das ein gutes Beispiel für die angespannte Lager-Stimmung, die in dem Unternehmen herrscht. Kein Teamgeist zu erkennen, nirgends. Das Chaos ist vorprogrammiert. Und das ist nur eine von vielen Baustellen, die sich in dem Unternehmensgeflecht als Folgen der Fusion aufgetan haben. Es fehlt an klaren Organigrammen, durch die die neuen Zuständigkeiten und Verantwortlichkeiten geregelt werden.

Meine Aufgabe ist eine konkrete: Die beiden Teamleiter aussöhnen, sie miteinander ins Gespräch bringen, ihre Funktionsbezeichnung »Teamleiter« soll legitimiert sein. Die Leistungen des Teams liegen danieder und unterschreiten selbst die vorsichtigsten Erwartungen. Es soll ein erster Schritt in die Richtung der Etablierung eines gemeinsamen Teamspirits gemacht werden, damit endlich auch menschlich zusammenwachsen kann, was formal zusammengehört. Ist dieser akute Brandherd erst einmal gelöscht, soll ich die beteiligten Führungskräfte dabei unterstützen, durch eine Regelung der Zuständigkeiten und Verantwortlichkeiten zu einer dauerhaften und nachhaltigen hohen Teamperformance zu gelangen. Damit nicht genug: In einem nächsten Schritt soll ich dafür sorgen, dass das Team agil agieren kann. Damit sind aus Unternehmenssicht gemeint: kurze Entscheidungswege, die Teammitglieder sollen mehr Befugnisse und mehr Verantwortung erhalten.

Mentale Fitness durch Teamgedanken stärken

In solchen Momenten erinnere ich mich gerne an meine Zeit als Judoka. Ich stand seinerzeit gleichfalls immer wieder vor herausfordernden Situationen. Ein intensives Beispiel: Nach mehreren deutschen Meistertiteln im Juniorenbereich wollte ich es in den 1990er-Jahren noch einmal wissen. Mir war klar, dass ich nach den Erfolgen in den 1980er-Jahren mein Niveau zwar halten, aber ohne Anpassung und Änderung meines Kampfstils nicht den entscheidenden Leistungsschritt nach vorne machen könnte. Dies war auch aufgrund des Wechsels in den Seniorenbereich notwendig. Insbesondere ging es darum, die Wurftechniken zu optimieren und die Hüftwürfe zu verbessern. Die Bein- und Fußwürfe waren in Ordnung, aber die Qualität der Hand- und Armwürfe musste ich unbedingt ausbauen. Zudem bedurften meine Selbstfallwürfe nach hinten und zur Seite des intensiven Trainings, um den Gegner so vom Stand in die Bodenlage zu bringen.

In der Rückblende stehe ich also an der Judomatte, der Tatami, Auge in Auge mit meinem Gegner. Natürlich, der Judosport dient primär der Ertüchtigung von Körper und Geist, aber Judo ist auch eine Philosophie zur Persönlichkeitsentwicklung. Dabei gilt:»Zwei philosophische Prinzipien liegen dem Judo im Wesentlichen zugrunde: das gegenseitige Helfen und Verstehen zum beiderseitigen Fortschritt und Wohlergehen und der bestmögliche Einsatz von Körper und Geist. Ziel ist es, diese Prinzipien als eine Haltung in sich zu tragen und auf der Judomatte bewusst in jeder Bewegung zum Ausdruck zu bringen.« (Vgl. Wikipedia, Judo)

Es geht mithin um physische und psychische Ertüchtigung, um körperliche und vor allem mentale Fitness.»Das Match wird zwischen den Ohren gewonnen« – dieses Zitat stammt wohl von Tennislegende Boris Becker oder wird ihm zumindest in den Mund gelegt –, und das gilt auch im Judosport. Körperliche Fitness ist die Basis, die Grundvoraussetzung, entscheidend jedoch ist die mentale Fitness. Wie in vielen anderen Sportarten gewinnt auch im Judo nicht immer der Beste, sondern derjenige, der die besten Nerven hat, gut vorbereitet ist und sich den aktuellen Gegebenheiten und Rahmenbedingungen im Hier und Jetzt optimal anpassen kann.

Im Management würde man wohl von der Fähigkeit zur Agilität reden, von der Kompetenz, sich in einer von Unübersichtlichkeit, Unsicherheit, Komplexität und Mehrdeutigkeit geprägten Situation flexibel den Umständen anzupassen und zu verändern. Mithin geht es um die kontinuierliche Selbstentwicklung mithilfe ständiger Selbstreflexion, um Changeability und den Aufbau einer Veränderungskompetenz, um den Erwerb einer agilen Haltung und eines agilen Mindsets, mit dem sich just diese Veränderungsprozesse managen lassen. Unter dem Schlagwort moderne Führung werden derartige Aspekte zusammengefasst und beschrieben, was agiles Führen in digitalen Zeiten bedeutet. Was dabei oft vernachlässigt wird, ist der menschliche Faktor.

Was der Judosport mit Menschenführung und Teamentwicklung zu tun hat

Doch zurück auf die Judomatte vor vielen Jahren und zu meinem Kampf. Dieser wird darüber entscheiden, ob ich mich auch in Zukunft aktueller Meister im Judosport nennen darf, weil es mir gelungen ist, die neu erprobten Wurftechniken adäquat im Wettkampf einzusetzen. Ich erinnere mich, als ob es gestern passiert ist – und darum möchte ich Sie mitnehmen auf eine Reise in die Vergangenheit: Ich befinde mich in der Kampfvorbereitung. Ich spüre, wie der Gedanke an mein Team, der Glaube meiner Teamkameraden und insbesondere meines Trainers an mich und meine Fähigkeiten mir Flügel verleihen. Das Team dient mir als Energietankstelle. Ich kann die Energie meines Teams für mich nutzen und bin zugleich in der Lage, meine eigene Energie den Teammitgliedern zur Verfügung zu stellen, wenn ein Energieschub denn notwendig wäre. Aber zurzeit bin ich auf die energetische Unterstützung meines Teams angewiesen, und nicht umgekehrt. Ich stehe einsam an der Judomatte, in der Vorbereitung auf den Kampf, und bin dennoch nicht allein. Mein Team gibt mir Kraft, Mut und Unterstützung. Ich fühle mich aufgehoben in und von etwas, das größer und umfassender ist als ich, ich fühle mich aufgehoben im Team. Dieses Aufgehoben-Sein ist im zweifachen Sinn gültig:

- Das Team fängt mich auf, ich weiß, dass es mir Orientierung und Rückhalt bietet.
- Ich fühle mich in einem höheren Sinn im Team aufgehoben, weil ich spüre, dass ich jetzt gleich nicht allein in den Wettkampf gehe, sondern zusammen mit dem Team: Wir bilden eine Einheit.

Eine Einheit zu bilden, also aus einem Haufen Sportler eine Gruppe zu formen, die sich in jeder Minute als Einheit begreift, sodass ein Teamspirit entstehen kann, durch den der Einzelne mehr leisten kann als wenn er als Einzelkämpfer unterwegs wäre – das war damals das Ziel unseres Trainers.

Entscheidend war sein Menschenbild: Er ging von der Vorstellung aus, dass jeder von uns Potenziale in sich trug, die ihn zu einem großartigen Menschen – und Sportler – machen könnten.

Unser Trainer sah seine Aufgabe und Verantwortung darin, uns bei der Entfaltung und Entwicklung dieser Potenziale zu unterstützen. In Gedanken gehe ich also die neuen Wurftechniken durch, reflektiere den Wettkampfplan, den ich gemeinsam mit Trainer und Kameraden entwickelt habe. Mir geht es nun so wie vielen Sportlern, ich befinde mich im mentalen Tunnel vor dem Kampf, denn der Wettkampfsieg findet vorab im Kopf statt. Indem ich mir die Würfe vorstelle und vor mein geistiges Auge rufe, löse ich die Tendenz zur Ausführung der Bewegung aus, die nötig ist, um meine Würfe durchführen zu können. So aktiviere ich mit meinen Vorstellungsbildern bereits jetzt diejenigen Hirnregionen, die kurz darauf im Wettkampf für die Durchführung der realen Bewegungen zuständig sein werden.

Sie halten dies für eine Übertreibung? Nun, der Tunnel-Gedanke und die Beschreibung dessen, was sich dabei in unserem Oberstübchen vollzieht, stammt nicht von mir. Der Sportpsychologe Hans-Dieter Hermann, der 2006 die deutsche Fußballnationalmannschaft als Mentalcoach durch das Sommermärchen begleitet hat, äußerte sich in einem Interview wie folgt dazu (Hermann 2008: 133): Die vorgestellten »Bewegungen sind im motorischen Kortex abgespeichert, in einer Verbindung von Neuronen. Die gehen sie beim mentalen Trainieren immer wieder durch. Das funktioniert wie beim Lernen. Der Psychiater und Neurowissenschaftler Manfred Spitzer hat das Lernen einmal so beschrieben, als würden Sie durch den Schnee stapfen und in frisch verschneiter Landschaft immer wieder einen bestimmten Weg laufen, dadurch wird die Spur tiefer. Aber es schneit weiter, also müssen Sie immer mal wieder laufen, sonst ist die Spur nicht mehr erkennbar. Nach den gleichen Prinzipien wirkt mentales Training und hilft damit, Bewegungen schneller zu automatisieren.« Und genau solche tiefen Spuren im Schnee hinterlasse ich jetzt mithilfe meines Teams.

Der Mehrwert eines funktionierenden Teams

In diesem Moment während der Erinnerung an jenen Wettkampf, den ich übrigens gewonnen habe, steht für mich fest: Ziel meiner Intervention in dem Fusionsunternehmen muss und wird es sein, die beteiligten Führungskräfte und Mitarbeiter gleichfalls diese Teamenergie spüren zu lassen, und ihnen mithilfe geeigneter Maßnahmen wie etwa Supervision oder Mediation zur Teamentwicklung zu verhelfen. Die Menschen sollen erleben, wie die Faktoren Persönlichkeitsentwicklung, mental-geistige Veränderungsbereitschaft und körperliche Fitness – im Business sprechen wir statt von körperlicher Fitness besser von fachlicher Kompetenz – in ihrem Zusammenwirken zur Entstehung eines Teamspirits und letztlich einer höheren Teamperformance führen. So kann ein Team entstehen, das in der Lage ist, die zukünftigen Herausforderungen besser zu stemmen.

Wie für mich der Judotrainer ein elementarer Schlüssel zum damaligen Erfolg war, kommt in dem Fusionsunternehmen den Führungskräften und Menschen mit Personal- und Führungsverantwortung eine besondere Bedeutung zu: Sie zeichnen dafür verantwortlich, dass die Rahmenbedingungen derart angelegt sind, dass sich ein Teamgedanke entwickeln kann. Mit der Kraft ihres Führungsstils gehen sie als Vorbilder voran und veranschaulichen: Ein funktionierendes Team kann durchaus mehr leisten, als die Summe der Kompetenzen der Teammitglieder vermuten lässt.

Im Mittelpunkt der Teamentwicklung steht immer die Führungskraft, die sich zu einer Führungspersönlichkeit entwickeln muss.

Und das ist der Ansatzpunkt dieses Buches, in dem ich – auch durch die Übertragung bestimmter Prinzipien, die im Judosport eine fundamentale Rolle spielen – zeigen will, wie Sie die Performance in Ihrem Team mithilfe von elf Bausteinen steigern können.

So gelingt agile Teamarbeit

Meine Überzeugung ist: Leadership in einer von Veränderung, Unsicherheit, Komplexität und Ambivalenz geprägten VUKA-Welt sollte zugleich agil und menschlich ausgestaltet sein. Agilität und das digitale Mindset der modernen Führungskraft müssen sich in den Dienst der beteiligten Menschen stellen. Digitalisierung und Agilität in der Führungsarbeit führen dann zu einer besseren Teamperformance, wenn dabei der Mensch im Fokus steht, es also nicht allein um die Einführung agiler Prozesse und Strukturen um ihrer selbst willen geht, sondern das relevant ist, was den beteiligten Menschen wirklich zugutekommt.

Auf der Suche nach der richtigen Balance

Meine Erfahrungen als Trainer, Berater und Coach zeigen, dass sich die Unternehmer, Entscheider und Führungskräfte in den Unternehmen derzeit in einer Umbruchphase befinden. Sie suchen nach einer Balance zwischen der Notwendigkeit, sich praktisch jeden Tag agil, flexibel und anpassungsfähig neu erfinden zu müssen, und der Herausforderung, dabei Mitarbeiter mitzunehmen, die eigentlich viel lieber in den bekannten und oft auch bewährten Strukturen und Prozessen weiterarbeiten möchten. Die modernen Arbeitswelten fordern immer mehr Eigenverantwortung und Agilität von den Menschen. Neue Organisationsformen und agile Konzepte sollen den Flexibilisierungs- und Kreativitätsschub liefern, um permanentes unternehmerisches Wachstum zu erzielen. Doch allzu oft verfehlen diese Versuche ihr Ziel. Der Grund: Sie haben den Hauptakteur aus dem Fokus verloren – den Menschen.

Erfolg und Misserfolg bei der Einführung agiler Strukturen

Ich erlebe dies häufig in Teams, in denen Hierarchien abgebaut werden sollen. Das entsprechende Stichwort lautet Soziokratie. Im Mittelpunkt dieses Ansatzes steht das Prinzip der Gleichwertigkeit aller Beteiligten. Befugnisse und Entscheidungsprozesse werden in die Mitarbeiterkreise und Mitarbeiterteams hinein verlagert. Die Teammitglieder agieren zu einem

Großteil eigeninitiativ und selbstverantwortlich, sie diskutieren und entscheiden auf Augenhöhe. Das geht so weit, dass es den klassischen Teamleiter nicht mehr gibt. In holokratischen Führungskonzepten wird gar eine »Führung ohne Führungskräfte« propagiert. Alle Mitarbeiter, alle Teammitglieder können in Entscheidungsprozessen denselben Stimmenanteil geltend machen. Eine übergeordnete Führungskraft wird erst dann eingeschaltet, wenn es im Team bei einer zu treffenden Entscheidung keinen Konsens und keine Einigung gibt. Es steht außer Frage, dass agile Unternehmen Aufgaben, Kompetenzen und Verantwortlichkeiten in die Teams hinein verlagern müssen, um schneller und flexibel agieren zu können. Allerdings: Zuweilen sind die Mitarbeiter noch nicht reif genug dazu. Sie wissen mit der neuen Macht und Verantwortung nicht umzugehen. Und oft fühlen sie sich schlicht und einfach überfordert.

Selbstverständlich gibt es für beide Aspekte Beispiele: für gelungene agile Unternehmensführung, bei der die Menschen engagiert und mit Begeisterung mitwirken wollen und können, und für gescheiterte agile Projekte. Ann-Kathrin Nezik berichtet in einem Artikel über die neuen Arbeitswelten von beiden Extremen: Da ist zum Beispiel Detlef Lohmann, der Geschäftsführer der Allsafe GmbH in Engen, gelegen im Landkreis Konstanz in Baden-Württemberg. Das mittelständische Unternehmen stellt Sitzschienen und Systeme zur Ladegutsicherung her. Detlef Lohmann, nach eigener Aussage Unternehmer aus Leidenschaft, lässt sich in der Unternehmensbroschüre (www.allsafe-group.com/fileadmin/user_upload/pdf/allsafe_Image_200dpi.pdf) wie folgt zitieren: »Inmitten unserer hochwertigen Produkte fühle ich mich genauso wohl wie unmittelbar im Kreise meiner Mitarbeiterinnen und Mitarbeiter. Das Team macht die Werte. Das Team zählt«. Stimmt diese Aussage und folgen ihr die entsprechenden Taten, dann scheint es sich hier um eine Firma zu handeln, bei der auch bei der Agilität der Mensch im Mittelpunkt steht.

Das Unternehmen hat über zweihundertsechzig Mitarbeiter, denen der Chef viele Freiheiten einräumt: »In der Werkshalle herrscht Vertrauensarbeitszeit, im produzierenden Gewerbe die absolute Ausnahme. Wenn es darum geht, im Büro eine Stelle zu besetzen, hat Lohmann kaum Mitspracherecht. Er selbst hat es sich so ausgesucht. Die Auswahl treffen seine Mitarbeiter, also die künftigen Kollegen der Bewerber. Auch darüber, wie sie einen Teil der jährlichen Gewinnausschüttung aufsplitten, dürfen die Teams eigenständig entscheiden.« (Nezik 2019: 15) Dann kann es auch vorkommen, dass das Team einem Kollegen, der sich unkollegial und team-unbotmäßig verhält, den Bonus verweigert. Sicherlich – diese Bewertung durch einen Kollegen kann Nachteile mit sich bringen, etwa wenn ein Kollege nicht so beliebt ist und auf diese Weise ausgegrenzt und sanktioniert werden soll. Entscheidend für die Teamentwicklung ist, dass solche Entscheidungen von dem Team selbst getroffen werden, und nicht von der Geschäftsleitung.

Auch bei Allsafe gibt es Umsetzungsprobleme, aber insgesamt betrachtet funktioniert es gut, den Teams und dem einzelnen Mitarbeiter mehr Souveränität, Verantwortung und Entscheidungsbefugnisse zu übertragen, als dies in den meisten anderen Unternehmen üblich ist. Dass es in der agil ausgerichteten Arbeitswelt Gegenbeispiele gibt, zeigt sich bei Raffaela Rein, die ihre Firma gemeinsam mit einem Mitgründer ohne hierarchische Führungsstrukturen erfolgreich machen wollte. In ihrem Unternehmen CareerFoundry, das Onlinekurse für angehende Webentwickler und Webdesigner anbietet, sollten Hierarchien abgebaut werden und cheflose Teams eingeführt werden. »Das Problem: Es funktionierte nicht. Selbst kleinste Entscheidungen blieben an den beiden Gründern hängen, weil die Teams sich darum drückten. Ständig war jemand krank. Am schlimmsten aber war, dass CareerFoundry immer wieder seine Umsatzziele verfehlte.« Entlassungen waren die Folge, schließlich »lenkten die beiden Gründer ein und verpassten jedem Team einen Chef. Seitdem läuft auch das Geschäft wieder besser.« (Nezik 2019: 16)

Gründerin Raffaela Rein führt als Hauptgrund für das Scheitern der holokratischen Aufstellung der Teams die vollkommene Überforderung der Mitarbeiter durch die Verantwortungszunahme an.

Agile Unternehmens- und Teamführung und die neue Eigenverantwortung für die Mitarbeiter können auch überfordern und zum Scheitern führen, wenn die agile Eignung und die Bedürfnisse der Mitarbeiter nicht genügend Berücksichtigung finden.

Für Unternehmen und Team die Interessen der Menschen mitdenken

Die genannten Positiv- und Negativbeispiele belegen für mich: Differenzierung tut not: Unternehmen, Teams und Menschen dürfen keinesfalls über einen Kamm geschoren werden. Was die Unternehmen oft übersehen oder zu wenig berücksichtigen: Nicht jedes Unternehmen, nicht jedes Team, nicht jeder Mitarbeiter ist reif für agile Team- und Unternehmensstrukturen. Das eine Team braucht weniger, das andere mehr Hierarchie. Das eine Team braucht weniger Agilität, Soziokratie und Holokratie, das andere mehr. Und nicht jeder Mitarbeiter ist zum Mitunternehmer geeignet oder gar geboren.

Wer agile Team- und Unternehmensstrukturen einführen will, sollte also die Menschen darauf vorbereiten und darf ihnen die neuen Arbeitsweisen nicht überstülpen, muss sie vielmehr mitnehmen und sie dort abholen, wo sie stehen. Ansonsten fühlen sie sich überfordert, auch, weil Agilität immer der Effizienzsteigerung dienen soll: Die Teams sollen noch besser, noch schneller, noch kreativer werden und eine noch bessere Performance erreichen. Diese Leistungseffizienz überfordert viele Menschen und führt zum Gegenteil dessen, was beabsichtigt ist: Kreativität und Einfallsreichtum lassen nach.

Bei der Teamentwicklung und Teamarbeit sollten, ja, müssen agile und menschliche Aspekte Berücksichtigung finden. Es geht um die harmonische Verknüpfung der zwei Seiten einer Medaille. Bei der Leistungssteigerung durch agile Strukturen darf der menschliche Aspekt nicht unter die Räder geraten.

Mein Fazit lautet: Agile Teamarbeit kann nur mithilfe eines Leadership-Konzeptes gelingen, bei dem Sie den Menschen in den Fokus rücken.

Menschlich-agile Teamentwicklung heißt für mich, die Unternehmens- und Teaminteressen und die Interessen der einzelnen Menschen (der Mitarbeiter) mitzudenken und zu berücksichtigen. Beides muss gelingen. Ein Beispiel: Wenn die schnellen Anpassungs- und Veränderungsprozesse zwar notwendig sind, aber dabei die Mitarbeiter aus welchen Gründen auch immer den Anschluss verlieren, überfordert und aus dem – nach Mihaly Csíkszentmihályi – Flow-Kanal (Csíkszentmihályi 2014) herauskatapultiert werden, ist es die Aufgabe der Führungskraft, die Gründe zu analysieren und Gegenmaßnahmen zu ergreifen, um dem Team zu helfen und dem einzelnen Menschen. Am besten jedoch ist es, sie lassen es erst gar nicht so weit kommen.

Jetzt, im Nachhinein, glaube ich, dass meinen damaligen Judotrainer vor allem eines ausgezeichnet hat: Er hat in uns, seinen Schützlingen, nie allein die Möglichkeit gesehen, Siege davon zu tragen, Erfolg zu haben, Pokale und Medaillen zu gewinnen. Sicher, darum ging es ihm auch. Aber nicht nur. Nein, er hat unser Training und unsere Wettkämpfe vor allem als Chancen aufgefasst, dass wir uns als Sportler, Individuen und Persönlichkeiten weiterentwickeln und wachsen.

Zurück in die Unternehmenswelt: Für mich zeigen die bisherigen Überlegungen zur agilen Teamarbeit, dass die Menschen etwa mithilfe von Gesprächen, Schulungen, Weiterbildungsprozessen und praktischen Erfahrungen langsam darauf vorbereitet werden müssen, im Team mehr Verantwortung zu übernehmen und Entscheidungen eigeninitiativ zu treffen. Und wenn sich durch die Verantwortungsübernahme der Leistungsdruck und der Disstress (negativer Stress) erhöhen, ist es sinnvoll, angemessen und vor allem menschlich, einem Mitarbeiter dabei zu helfen, wie er mit diesem Leistungsdruck besser umgehen kann.

Damit ist der Rahmen für dieses Buch abgesteckt:

Die Leistungsfähigkeit unserer Wirtschaft und unserer Unternehmen hängt davon ab, inwiefern bei der Einführung agiler Prozesse und Strukturen die Erwartungen und Bedürfnisse der Menschen in den Mittelpunkt gerückt werden.

Wer den Menschen in den Mittelpunkt stellt, darf damit rechnen, dass die Einführung agiler Strukturen Früchte trägt. In den Bausteinen dieses Buches will ich darum immer wieder die Frage thematisieren und beantworten, wie sich bei der Implementierung und Anwendung agiler Strukturen der menschliche Faktor so integrieren lässt, dass die Unternehmens- und Teamentwicklung nicht gestört, sondern forciert wird. Den Fragen »Wie agil bin ich als Führungskraft und wie agil sind wir als Unternehmen?« müssen immer die Fragen »Wie menschlich bin ich als Führungskraft und wie menschlich sind wir als Unternehmen?« vorausgehen. Voraussetzung dafür sind Führungspersönlichkeiten, die sich an eine komplexe, unberechenbare und turbulente Umwelt anpassen können und somit in der Lage sind, jene VUKA-Welt aktiv und initiativ zu gestalten: durch Anpassungsfähigkeit, Flexibilität, Kreativität, Schnelligkeit und Veränderungsmanagement, aber auch mithilfe von Durchsetzungsvermögen und Überzeugungskraft – kurz: mit menschlich-agilem Leadership und Führungssouveränität. Und dabei helfen die folgenden elf Bausteine, die ich für Sie in der Abbildung auf der Seite 28 auch visuell zusammengefasst habe.

Baustein 1
Führungspersönlichkeit und Agilität

 Kapitel-Check

Was Sie in diesem Kapitel erwartet

Was unterscheidet eine Führungspersönlichkeit von einer normalen Führungskraft? Das klärt dieses Kapitel. Der wichtigste Unterschied: Für die Führungspersönlichkeit steht der Mensch im Fokus. Sie denkt bei der Führungs- und Teamarbeit immer vom Mitarbeiter aus und handelt entsprechend.

Ihr Nutzen

Sie prüfen, ob und inwiefern Ihnen es Ihnen bisher gelungen ist, auch beim Thema Agilität den Menschen in den Fokus zu rücken.

Das technisch Machbare verdrängt den Menschen

So gut wie jedes Unternehmen steht heute vor gewaltigen Veränderungsherausforderungen. Ein wichtiger Grund dafür sind die Konsequenzen der Globalisierung und Digitalisierung, der Fachkräftemangel, und der demografische Umbruch. Das technisch Machbare kollidiert mit ethisch-menschlichen Fragestellungen. Bei jeder technischen Neuerung – dem Radio, dem Fernsehen, dem Personal Computer, dem Smartphone – mussten wir Menschen auch die Fragen nach den gesellschaftlichen Folgen diskutieren und beantworten. Mit der künstlichen Intelligenz rollt die nächste technische Erneuerungswelle auf uns zu. Wir müssen uns fragen, was dies für unsere Werte und unsere Gesellschaft bedeutet.

Der Philosoph Richard David Precht verdeutlicht dies am Beispiel des autonomen Fahrens. »Keine der vielen Hundert Digitalkonferenzen, die derzeit im Lande stattfinden, ohne dass ein CEO, CDO oder Politiker betont: Im Mittelpunkt der digitalen Zeit muss der Mensch stehen! Und dann schwärmt man von den fantastischen Möglichkeiten der Zukunft, wie etwa dem autonomen Fahren – und keiner lacht! Denn beim autonomen Fahren fährt man doch gerade nicht autonom, sondern heteronom; man fährt nicht, sondern wird gefahren.« Und der Philosoph fragt: »Gibt es einen schöneren Beleg dafür, dass von der Maschine, in diesem Fall dem Auto, her gedacht wird und gerade nicht vom Menschen?« (Precht 2018a: 78)

Als Beispiel nennt Precht den »Todesalgorithmus« und die Problematik der ethischen Programmierung, bei der das Fahrzeug programmiert werden muss, wie es sich in schwierigen Situationen zu verhalten hat – soll das Auto im Notfall entscheiden, drei ältere Damen zu überfahren oder ein Kind? Welche moralischen Präferenzen sollen hier bei der Programmierung eine Rolle spielen? Der Philosoph konstruiert ein extremes Beispiel und fragt provokant: »Denn wem würde man eher verzeihen? Dem Fahrer, der in seiner Not, um drei alte Damen zu schützen, versehentlich ein Kind überfährt? Oder einem bewusst einprogrammierten Ablauf, der den Damen einen geringeren Lebenswert als dem Kind zuspricht, sich allerdings korrigiert, wenn er erkennt, dass das Kind, an äußeren Zeichen ablesbar, höchstwahrscheinlich Leukämie hat?« (Precht 2018a: 79)

Vielleicht fragen Sie sich, was das mit meinem, mit unserem Thema zu tun hat. Die Problematik, dass technische Neuerungen zu komplexen Fragestellungen führen, bei deren Diskussion und Beantwortung die Perspektive der betroffenen Menschen zu selten im Fokus stehen, hält auch Einzug in die modernen Arbeitswelten. Ein anschauliches Beispiel dafür ist »Precire«. Dabei handelt es sich um eine Software, die im Mitarbeiterrecruiting eingesetzt wird. Ein Bewerber telefoniert mit einer Maschine, einem Computer, einer künstlichen Intelligenz. Die Software trifft aufgrund einer Sprachanalyse, einer Audioanalyse und mithilfe statistischer Einschätzungen Aussagen über die Persönlichkeit, die Belastbarkeit und die Berufseignung eines Bewerbers. Sie schätzt ein, wie dieser Mensch tickt, um welchen Menschentyp es sich handelt. Dabei ist es gleichgültig, was die Person sagt. Entscheidend sind vielmehr ihr Wortschatz und die Wortwahl, der Satzbau, die Lautstärke, die Stimmlage und die Sprechgeschwindigkeit. »Lass hören, welche Adjektive und Verben du benutzt, und ich sage dir, wer du bist!«

Ich möchte gar nicht darüber richten, ob der Einsatz solch einer Software nicht auch sinnvoll sein kann oder Humbug ist. Bezeichnend ist, dass auch hier das durch künstliche Intelligenz technisch Machbare Fragen aufwirft, die nicht immer im Sinne der Menschen getroffen werden. Wenn wir das Thema ethisch-moralisch betrachten wollen, können wir von Prozessen der Enthumanisierung und der Entmenschlichung sprechen. Wahrscheinlich wird niemand einen Bewerber nur aufgrund einer Sprachaufzeichnung zum Bewerbungsgespräch einladen. Aber ich weiß nicht, wie es Ihnen geht:

Ich selbst würde von einem Personalchef lieber deswegen nicht zum Bewerbungsgespräch eingeladen werden, weil ich ihm unsympathisch bin, als aufgrund der Einschätzung einer Maschine, die auf der Grundlage einer Sprachaufzeichnung auf meine Persönlichkeitsmerkmale rückschließt.

Verräterische Sprache

In meinen Beratungsgesprächen, Trainings und Coachings mit Unternehmern, Führungskräften und Teamleitern stelle ich eine zunehmende Verunsicherung fest. Zum einen wissen sie, dass die Abläufe und Prozesse schneller, flexibler und veränderungsbereiter gestaltet werden müssen und dabei auch Enthierarchisierungsprozesse eine Rolle spielen. Auf der anderen Seite fragen sie sich, wie sie dabei die betroffenen Menschen so mitnehmen können, dass diese die entsprechenden Veränderungen nicht als Bedrohung, sondern als Chance begreifen können. Die Unternehmer, Führungskräfte und Teamleiter fragen sich, welches Wertegerüst ihnen in agil-digitalen Zeiten helfen kann, trotz aller agilen Strukturen, die sie einführen wollen und müssen, auch den Faktor Mensch ausreichend zu berücksichtigen.

Ich erinnere mich an das Gespräch mit einem Geschäftsführer eines kleinen Unternehmens, der mir berichtete:»Wenn ich unseren bisherigen Beratern folgen würde, müsste ich angesichts einer disruptiven VUKA-Welt endlich für eine agile Wohlfühlkultur sorgen, Design Thinking und Scrum einführen sowie Kollaborationssoftware und Online-Diagnosetools nutzen. Das sei ich dem Future Management schuldig. Wir müssten ambidextrisch vorgehen, also das Bestehende bewahren und das Neue disruptiv und visionär denkend vorantreiben.« Alles klar?

Das Problem ist: Für das Unternehmen sind mehr Handarbeiter als Wissens- oder Kopfarbeiter tätig. Bei Begriffen wie agiler Wohlfühlkultur, Design Thinking, Scrum, Kollaborationssoftware, Future Management und Ambidextrie machen die meisten Mitarbeiter und Führungskräfte »die Schotten dicht«, um auch mal wieder einen Begriff aus der alten Arbeitswelt zu benutzen.

Ein eindringliches Beispiel dafür liefert Markus Bleher, Geschäftsführer der Heermann Maschinenbau GmbH im schwäbischen Frickenhausen, der in einem Interview zur agilen Transformation im Maschinenbau sagt: »Wenn wir sagen würden, wir machen jetzt ein Daily Scrum, dann läuft Ihnen hier jeder davon und sagt, macht euren Scheiß selber. Sagt man aber, lasst uns mal kurz drüber babbele, dann hört jeder zu und leistet einen Beitrag.« (Bleher 2018: 43)

Gerade in klassischen Unternehmen sollte darum ein Vokabular, mit dem die Menschen wenig anfangen und sich nicht identifizieren können, vermieden werden.

Um Missverständnissen vorzubeugen: Es geht nicht darum, die dahinterstehenden Ideen zu verteufeln oder bloßzustellen. Aber: Agilitätsprozesse müssen immer unter Berücksichtigung der beteiligten Menschen durchgeführt werden. Das gilt auch für die Sprache. Die zuweilen abgehobene Technokratensprache der digitalen Welt stößt so manchen ab. Wer sie nutzt, läuft Gefahr, dass gut gemeinte Ideen gar nicht erst wahrgenommen werden. Das gilt für alle Bereiche: Wer vom Gute-KiTa-Gesetz statt vom Kitaqualitätsentwicklungsgesetz spricht, hat größere Chancen, von der Klientel, um die es geht, wahrgenommen zu werden. Der schön-eingängige Begriff sagt natürlich noch nichts über die Inhalte aus und macht diese nicht zu etwas Besserem; er ist aber doch ein Signal, dass man sprachlich nicht abschrecken will.

Bei manchen Unternehmen, die ich beraten habe, wusste ich oft schon nach einem ersten Gespräch mit dem Entscheider, wie ernst es ihm mit der Einführung der agilen Teamarbeit war. Führungskräfte, denen es um die Sache selbst geht, benutzen die agilen Begriffe oft gar nicht. Sie umschreiben vielmehr den Nutzen, den das Unternehmen, die Teams, aber auch die beteiligten Menschen haben, sobald die agile Teamarbeit eingeführt worden ist. Und das oft mit begeistert-begeisternden Worten. Andere Entscheider hingegen werfen mit den agilen Schlagwörtern nur so um sich. Wahrscheinlich haben sie kurz zuvor ein Buch zum Thema Agilität gelesen oder auf einem Kongress einen Vortrag darüber gehört. Jedenfalls ist ihnen anzumerken, dass sie an die Einführung agiler Strukturen nur denken, weil dies gerade angesagt oder en vogue ist. Es ist nicht authentisch gemeint, sie meinen es nicht erst, sie handeln nicht aus Überzeugung.

Ambidextrie: Es geht nur situativ!

Mit Ambidextrie ist (auch) ein neues Führungsmodell gemeint, das Unternehmen nutzen, die den digitalen Transformationsprozess angehen wollen. Ambidextrie gilt als eine der Voraussetzungen, die Unternehmen erfüllen müssen, die langfristig agil und anpassungsfähig agieren wollen. Der Hintergrund: Das Management muss einerseits das Bestehende stabilisieren und optimieren, andererseits offen sein für Innovationen. Auch die Führungskräfte müssen dabei einen Spagat schaffen. Und zwar zwischen den Aktivitäten, die die bewährten Prozesse voranbringen und mit denen das operative Tages- und Kerngeschäft gestemmt werden kann, und den Maßnahmen, mit denen sie die Menschen dazu bewegen, zur ständigen Veränderung willens und fähig zu sein. Das »beidhändige« (= ambidextrische, Ambidextrie meint »Beidhändigkeit«) Führungsmodell unterstützt sie dabei, die Balance zwischen »Bestandsgeschäftsoptimierung und Innovationsförderung« herzustellen. Sylvia Jumpertz beschreibt den Prozess, zeigt, dass der größte Schwachpunkt der menschliche Faktor ist, und zitiert einen Ambidextrie-Experten: »Der menschliche Faktor ist die größte Schwierigkeit im Umgang mit Ambidextrie: Wenn Mitarbeiter nicht akzeptieren, dass beides wichtig ist – die effiziente Arbeit am Kerngeschäft und Innovationsaktivitäten – funktioniert der Ansatz nicht.« (Jumpertz 2018: 22).

Hinzu kommt, dass in den meisten Unternehmen die zwei Aufgaben auf zwei Unternehmensteile oder Geschäftseinheiten verteilt sind, also Kerngeschäft hier und Innovationsaktivitäten dort. Es kommt dann »zu Frust auf beiden Seiten. Bei den Mitarbeitern im Bestandsgeschäft entsteht leicht der Eindruck, dass die Innovatoren in ihren schicken Labs das Geld verjubeln, während sie selbst es hart erarbeiten müssen: ›Ihr dürft all die schönen Sachen machen, wir dagegen müssen den langweiligen Routinekram abarbeiten.‹ Umgekehrt schauen allerdings auch die Innovatoren zuweilen mit einer gewissen Arroganz auf die Aufgaben-Abarbeiter im Kerngeschäft.« (Jumpertz 2018: 21)

Das heißt: Wenn eine Führungskraft ihre Mitarbeiter und ihr(e) Team(s) ambidextrisch führen soll oder will, muss sie verdeutlichen und erklären, warum sie nun einerseits top-down und mit klaren Vorgaben (um das Geschäft am Laufen zu halten) und andererseits mit flexiblen Anreizen (um Raum für Innovationen zu schaffen) führen will. Dazu erläutert sie, warum sie ihren Kommunikationsstil der Situation und den Ansprechpartnern permanent anpasst. Konkret: Sie begründet, warum sie auf der einen Seite – quasi mit der einen Hand – klassisch mit Vorgaben und auch Anweisungen führt, während sie auf der anderen Seite – also mit der anderen Hand – moderierend und coachend vorgeht.

Die Führungskraft soll und muss das neue agile ambidextrische Führungsmodell anwenden, darf aber darüber nicht vergessen, dessen Sinnhaftigkeit und Notwendigkeit zu erklären. Dies gilt insbesondere bei den Mitarbeitern, die eher mit der Bewältigung des klassischen Tagesgeschäfts beschäftigt sind und sich wundern, warum die Kollegen in den zukunftsorientierten Innovationszentren nach dem Motto »Probieren wir mal etwas Neues aus, egal, was es kostet, und ganz gleich, was dabei konkret herauskommt« herumexperimentieren dürfen, während sie selbst im Kerngeschäft auf jeden Cent achten müssen. So fördert sie das harmonische Miteinander von Tagesgeschäft und Zukunftsgestaltung und die Akzeptanz der Menschen auf beiden Seiten.

> *Es sind die klassischen Tugenden Sensibilität und Fingerspitzengefühl und der situative Führungsstil gefragt. Die Führungskraft muss sich je nach Situation und Gesprächspartner auf beide Vorstellungswelten zugleich einlassen und aus der Perspektive des jeweiligen Teams heraus kommunizieren, agieren und führen – »beidhändig« oder ambidextrisch eben.*

Die Mitarbeiter im Kerngeschäft sollten anders angesprochen werden als die Kollegen, die für die Innovationen zuständig sind. Darüber hinaus erklärt die Führungskraft den Mitgliedern beider Teams, warum die jeweils andere Mannschaft unersetzlich ist und ihre Daseinsberechtigung hat. Ziel ist, Verständnis füreinander zu wecken und zu vermeiden, dass das eine Team neidisch, arrogant oder bewundernd auf das andere blickt. Wenn es der Führungskraft nicht gelingt, die gegenseitige Wertschätzung und Achtung sowie den gegenseitigen Respekt bei allen Beteiligten zu befördern, ist die Einführung des agilen Führungsstils »Ambidextrie« vom Scheitern bedroht. Dazu ein weiteres Zitat: »Einer der wichtigsten ambidextren Führungsjobs besteht darin, einen kulturellen Rahmen zu schaffen, in dem akzeptiert wird, dass beides den gleichen Wert hat, um die Gesamtziele des Unternehmens zu erreichen« (Jumpertz 2018: 21).

Thomas Nebeling fasst die Situation und Herausforderung, vor der derzeit viele Unternehmen stehen, die Agilität durch den ambidextren Führungsstil befördern wollen, auf den Punkt: »Bisher genossen die Teams, Abteilungen oder Organisationseinheiten, die andere Arbeitsweisen im Sinne von Agilität, New Work, Scrum etc. verfolgten, eine gewisse Narrenfreiheit. Häufig können diese Bereiche unabhängig vom Rest der Unternehmens- und Konzernstrukturen arbeiten. Dadurch hat sich nicht selten ein Parallelunternehmen gebildet mit eigener Kultur und eigenen Wertvorstellungen. Und dies hat mit den im Unternehmen seit Jahrzehnten etablierten Vorstellungen nur geringe Schnittmengen.

In der neuen Welt stehen insbesondere selbstbestimmtes Handeln, starke Vernetzung, thinking out of the box, done – not perfect, Intelligenz der Gruppe und Kreativität im Vordergrund. Dies kollidiert insbesondere in Deutschland stark mit den durch die industrielle Revolution etablierten erfolgreichen Arbeitsstrategien: feste Strukturen und Hierarchien, klar definierte Prozesse, punktgenaue Arbeitsteilung.

Die Folge: Das alte System stößt das neue System ab – innovative Ideen verpuffen bzw. zerschellen am Widerstand der Realisten: geht nicht, haben wir schon mal versucht, nimmt der Markt nicht auf, will der Kunde nicht haben, ist doch Spinnerei …

Was braucht es, um beide Welten zusammenzubringen? Ambidextrie ist vor allem eine Anforderung an die Führungskräfte. Ihre Aufgabe ist es, die Mitarbeiter zu einem harmonischen Miteinander von Tagesgeschäft und Zukunftsgestaltung zu führen.« (Nebeling 2018)

Von der Führungskraft zur Führungspersönlichkeit

Vielleicht haben Sie sich gefragt, warum ich bisher mal von einer Führungskraft und mal von einer Führungspersönlichkeit gesprochen habe.

Im Folgenden soll der Begriff »Führungspersönlichkeit« Führenden vorbehalten bleiben, die über bestimmte Eigenschaften verfügen, deren wichtigste darin besteht, den Menschen auch in agilen Zeiten in den Mittelpunkt zu stellen.

Eine Führungspersönlichkeit weiß: Agile Teamarbeit kann nur gelingen, wenn bei der Implementierung agiler Strukturen die Erwartungen und Bedürfnisse der beteiligten Mitarbeiter mit bedacht werden. Was aber zeichnet eine Führungspersönlichkeit darüber hinaus aus? Dies soll nun ausführlicher dargestellt werden.

Eine menschlich-agile Führungspersönlichkeit – was ist das?

Sie kennen wahrscheinlich die klassische Unterscheidung zwischen einem Manager (einer Führungskraft) und einem Leader (einer Führungspersönlichkeit), die Warren Bennis vorgenommen hat. Bennis beschreibt die Führungskraft als einen Manager, der die Dinge eher verwaltet, auf den Erhalt vorhandener Strukturen und des Status quo Wert legt und sich auf Systeme und Strukturen konzentriert. Für einen Manager spielt die Kontrolle der Mitarbeiter und Prozesse eine bedeutsame Rolle und er tendiert eher zu einem kurzfristigen Denken. Das liegt daran, dass er oft auf die Erzielung rascher Erfolge fokussiert ist. Er interessiert sich primär für das »Wie« und »Warum« und wünscht sich, die Dinge richtig zu machen, also möglichst effektiv zu agieren (vgl. Bennis 2009 und Lindinger/Zeisel 2013: 19, Letztere bieten eine prägnante Übersicht zum Unterschied zwischen Manager und Leader).

Natürlich kommen solche Unterscheidungen immer etwas holzschnittartig daher, sie tragen jedoch zur begrifflichen Klärung bei. Nach Bennis liegt der Fokus des Leaders darauf, zu erneuern und zu entwickeln, er konzentriert sich auf die Entwicklung von Menschen und will darum beziehungsorientiert Vertrauen aufbauen und dieses Vertrauen zur Grundlage der Zusammenarbeit erheben. Er fragt nach dem »Was« und dem »Warum« und denkt und agiert in den Kategorien der Langfristigkeit und Nachhaltigkeit. Ihm liegt am Herzen, die richtigen Dinge angemessen zu tun.

Die Unterscheidung zwischen Manager und Führungskraft, aber auch Leader und Führungspersönlichkeit ist bereits ein paar Jahre alt. Mittlerweile ist die digitale Transformation in der von Veränderung, Unsicherheit, Komplexität und Ambivalenz geprägten VUKA-Welt gewaltig vorangeschritten. Immer öfter ist die Rede von Leadership 4.0 und Führungskraft 4.0. Zuweilen frage ich mich, ob hier nicht vor allem alter Wein in neuen Schläuchen geboten und altbekannte Führungskompetenzen und -eigenschaften, über die ein guter Chef schon immer verfügen musste, mit neuen schönen Begriffen belegt werden. Trotzdem: Aus meiner Sicht ist entscheidend, dass eine wirkliche Führungspersönlichkeit auch über Agilität verfügen muss.

Gemeint ist die Fähigkeit, sich zum einen an eine komplexe, unberechenbare und turbulente Umwelt anzupassen und diese zum anderen aktiv und initiativ zu gestalten: durch die Fähigkeit zur Antizipation, durch Anpassungsfähigkeit, Flexibilität, Schnelligkeit, Veränderungsmanagement und Menschlichkeit, aber auch mithilfe von Durchsetzungsvermögen und Überzeugungskraft.

Die digitale Eier legende Wollmilchsau auf der Führungsetage

Jetzt mutiert die agile Führungspersönlichkeit endgültig zur Eier legenden Wollmilchsau. Wenn Sie sich die einschlägige Fachpresse und aktuelle Buchveröffentlichungen zu dem Thema ansehen, dann führt die digitale Transformation dazu, dass eine Führungskraft, die Personalverantwortung trägt und Mitarbeiter hat, so gut wie jeden Tag eine neue Führungskompetenz aufbauen muss. Von der modernen Führungskraft 4.0 wird zum Beispiel erwartet, dass sie:

- so kontrolliert, dass die Kontrolle letztendlich immer zum Vertrauensaufbau beiträgt.
- disruptiv denkt und handelt und sich mit dem Gedanken vertraut gemacht hat, dass die Geschäftsmodelle, Denkmuster und Verhaltensweisen von heute bereits morgen veraltet und sich spätestens übermorgen vollkommen überlebt haben.
- die Kunst des Veränderungsmanagements beherrscht – die Beherrschung dieser Kompetenz ist fast schon eine Binsenweisheit.
- das digitale Mindset eines Leaders virtuos handhabt und die modernen digitalen Kommunikationsmedien für ihre Führungsarbeit und Mitarbeiterführung einsetzt.
- der Unsicherheit, die in den Unternehmen auf allen Ebenen herrscht und insbesondere die Mitarbeiter quält, mit absoluter Transparenz begegnet.
- zur ständigen Reflexion der Denk-, Verhaltens- und Handlungsgewohnheiten fähig ist – und zwar bezogen auf sich selbst und bezogen auf die Mitarbeiter, die ihr anvertraut sind.
- auch Teams, in denen es lediglich dezentrale und flache Strukturen gibt, anleiten kann und mit dem »Ende der Hierarchien« umzugehen versteht.
- das Querdenkertum institutionalisiert.

Die Liste ließe sich fortsetzen. Wir dürfen gewiss von einer »digitalen Eier legenden Wollmilchsau« sprechen. Damit das klar ist: All dies ist richtig und notwendig, und auch in diesem Buch wird die Frage diskutiert, welches Mindset eine agile Führungspersönlichkeit haben sollte. Aber dies führt bei mir immer zu der eingangs aufgeworfenen Frage, ob dabei der Mensch in einem ausreichenden Maße in den Mittelpunkt gestellt wird. Und nicht nur ich habe dabei meine Zweifel.

Menschlichkeit als zentraler Wert

Anja Dilk schreibt in einem Artikel in der Zeitschrift *managerSeminare* im Oktober 2017, dass viele Beobachter der Managementszene feststellen: »Der effizienzorientierten digitalisierten Arbeitswelt 4.0 fehlt ein zentraler Wert: Menschlichkeit.« (Dilk 2017: 18) Dieses Urteil mag in seiner Eindeutigkeit vielleicht etwas zu einseitig daherkommen. Aber in vielen Unternehmen lässt sich schon analysieren, dass Nützlichkeitserwartungen und rein ökonomische Werte allzu oft die Entscheidungen bestimmen. In dem Fusionsunternehmen, von dem ich Ihnen zu Beginn erzählt habe, spielten etwa die Ängste der Menschen vor dem Arbeitsplatzabbau, der im Gefolge von Fusionen ja oft unvermeidlich erscheint, und vor unerwünschten Veränderungen bei der Durchführung der Fusion eine untergeordnete Rolle. Wertsteigerung war wichtiger als Wertschätzung.

Obwohl in den Hochglanzbroschüren der Unternehmen und den Sonntagsreden der Vorstände immer wieder von den humanitären Aspekten der modernen Arbeitswelt gesprochen wird, scheint die Werteorientierung in der gelebten Unternehmenswirklichkeit oft zu kurz zu kommen. In meiner Beratertätigkeit erlebe ich es, dass die ökonomischen Nützlichkeitserwägungen weitaus höher eingeschätzt werden als die Werteorientierung. Das ist den Unternehmen zunächst einmal nicht anzulasten. Sie sind primär Wirtschaftsunternehmen. Trotzdem stellt sich die Frage, ob bei der Führungsarbeit ökonomische Nützlichkeitserwägungen und Menschlichkeit nicht miteinander vereinbar sind.

Für mich jedenfalls spielt der Wert der Menschlichkeit bei der Beschreibung einer agilen Führungspersönlichkeit eine sehr große Rolle. Ich erinnere mich auch in diesem Zusammenhang oft und gern an meinen damaligen Judotrainer. Es war und ist nicht zuletzt meine Bewunderung für ihn, die mich motiviert hat, eine Zeit lang selbst als Judotrainer und heute als Trainer, Coach und Berater für Unternehmen und Führungskräfte zu arbeiten.

Wenn ich zurückblicke, sind es vor allem die folgenden Eigenschaften, die mich ihm bis heute nacheifern lassen:

1. Menschen als Persönlichkeiten sehen: Er hat uns junge Leute nicht als Judosportler gesehen, zumal als noch sehr junge, sondern uns als Menschen und Persönlichkeiten wertgeschätzt, die zwar noch nicht ganz ausgereift sind, aber deren Persönlichkeitskern bei jedem Einzelnen schon deutlich erkennbar ist – zumindest für denjenigen, der diesen Persönlichkeitskern erkennen will.

2. Sanften Weg beschreiten: Bei aller Trainingshärte und dem unbedingten Willen zum Sieg im Wettkampf hat er den »sanften Weg« bevorzugt. Er hat nicht auf das Besiegen eines Gegners allein und eigene Angriffstechniken gesetzt, sondern war darauf fokussiert, die Energie des Gegners und die Energien der Teammitglieder zur Grundlage des Wettkampfstils zu machen. Meistens war der Angriff des Gegners der Ausgangspunkt für die eigene Aktion; er hat den eigenen Griff oder Wurf quasi als Weiterentwicklung oder Fortsetzung des gegnerischen Angriffs interpretiert.

3. In größeren Zusammenhängen denken und Selbstreflexion: Für meinen Judotrainer standen nie einfach nur zwei Judoka allein auf der Judomatte. Jeder der Kontrahenten befindet sich ein einem sozialen Kontext, steht in Beziehungen und Abhängigkeiten, die in das hineinwirken, was auf der Matte geschieht. Dazu gehören die Trainer, die Teamkameraden, aber auch die Angehörigen. Konkret: Wenn der Judoka, der gerade seinen Wettkampf austrägt, ein positiv-motivierendes Verhältnis zum Trainer hat, spielt dies ebenso in den Wettkampf hinein wie sein Verhältnis zu einem Teamkollegen, mit dem er kurz zuvor einen Konflikt ausgetragen hat. Ein heftiger Streit mit einem Teamkollegen kann der Judoka nicht einfach beiseiteschieben, er wird ihn im Wettkampf begleiten – darum muss ein Trainer dies sensibel registrieren und beachten! Der Trainer sollte alle Faktoren berücksichtigen: den Gegner, sein persönliches Verhältnis zum Wettkämpfer – dies bedingt die Notwendigkeit zur ständigen Selbstreflexion

– und dessen Interaktionen mit allen Teammitgliedern, vielleicht sogar weitere Personen aus dem sozialen Kontext, sofern die Beziehungen zu ihnen den Wettkampf beeinflussen. Der einzelne Wettkampf auf der Judomatte ist also immer Folge eines Systems von Menschen, die auf mehreren Ebenen in Abhängigkeit zueinanderstehen und sich gegenseitig beeinflussen. Nur wer diese komplexen Zusammenhänge erkennt, analysiert und durchschaut, kann Persönlichkeiten und Teams weiterentwickeln.

Für mich war und ist mein Judotrainer der Inbegriff dessen, was ich heute eine menschlich-agile Führungspersönlichkeit nenne.

Eine menschlich-agile Führungspersönlichkeit betrachtet das Team als Ganzes und damit als Gemeinschaft von Persönlichkeiten. Diese bilden einen sozialen Verbund, in dem die Teamenergie das einzelne Teammitglied unterstützt und weiterentwickelt und zugleich die Energie des Einzelnen nachhaltig zur Teamentwicklung beiträgt.

Natürlich besitzt eine menschlich-agile Führungspersönlichkeit als »digitale Eier legende Wollmilchsau« zahlreiche weitere Fähigkeiten und Kompetenzen, aber für mich sind es vor allem diese Aspekte – Menschen als Persönlichkeit sehen und behandeln, sanftes Agieren, in größeren Zusammenhängen denken und Selbstreflexion –, die eine Führungspersönlichkeit von einer »normalen« Führungskraft unterscheiden.

Führungskräfte führen Mitarbeiter, Führungspersönlichkeiten entwickeln Menschen

Ich habe es schon einmal angesprochen: Unser Judotrainer wollte uns nicht zu besseren Sportlern machen. Jedenfalls nicht primär. Es ging ihm um die Weiterentwicklung eines jeden von uns zu einzigartigen Individuen. Sein Menschenbild war geprägt von der Vorstellung, die in uns schlummernden Potenziale zu entdecken, zu entfalten und zu entwickeln. Er war der Meinung: Nur eine Gruppe aus eigenständig denkenden und handelnden Menschen sei bereit, sich auch in den Dienst eines Teams zu stellen. Manche mögen das für ein Paradox halten: Aber ein Team funktioniert nur, wenn sich jeder seiner Individualität bewusst ist und zugleich bereit ist, den anderen in seinem So-Sein nicht verändern zu wollen. Nur wer bemüht ist, seine Individualität jeden Tag weiterzuentwickeln, kann im Team aufgehen.

Darum gilt: Die aus meiner Sicht wichtigste Kompetenz einer Führungspersönlichkeit ist und bleibt die menschliche Kompetenz. Dies ist gerade angesichts der disruptiven Entwicklungen, der digitalen Transformation und der unbestreitbaren Notwendigkeit, Platz und Raum zu schaffen für neues Denken, notwendig. Denn Führung spielt sich auch in agilen Zeiten zwischen Menschen ab. Man kann es nicht oft genug betonen. Und darum braucht es die Führungspersönlichkeit, die mit Menschenliebe, Einfühlungsvermögen, Wertschätzung, Herzensbildung und menschlicher Zuwendung die ihr anvertrauten Mitarbeiter und Teams zu den Ergebnissen führt, die dem Unternehmen und der Abteilung nutzen. Schon Aristoteles wusste, dass die »Bildung des Geists ohne Bildung des Herzens [...] keine Bildung« ist. Kurzum: Der menschliche Faktor ist und bleibt entscheidend.

Es gehört zum Selbstverständnis der menschlich-agilen Führungspersönlichkeit, Menschen und Prozesse voranzubringen, indem sie für ihre Mitarbeiter alle möglichen Stolpersteine aus dem Weg räumt. Sie sieht sich in der Verantwortung, das große Ganze im Blick zu behalten und darauf zu vertrauen, dass ein Teammitglied als Experte seines Fachs die beste Lösung finden wird. Darum führt sie mit klarer Vision und inspirierenden Werten.

2 + 2 = 5: Der sanfte Weg zum Sieg

Die meisten Menschen assoziieren mit dem Judosport den sanften Weg, den Gegner zu besiegen, indem der Judoka die Kraft und die Energie des Gegners für seine eigenen Zwecke nutzt. Auch bei der sanften Überzeugung des harten Verhandlungspartners geht es darum, zum Beispiel den Vorwurf oder das Argument des Verhandlungspartners aufzugreifen und durch einen geschickten Perspektivenwechsel gegen diesen zu kehren. George J. Thompson und Jerry B. Jenkins zum Beispiel nutzen die Philosophie des Judosports, um die kommunikative Strategie der »sanften Kunst der Überzeugung« zu entwickeln und sprechen in diesem Zusammenhang vom »verbalen Judo«, das mit Feingefühl überzeugt und dazu beiträgt, Ärger und Streit zu vermeiden (Thompson/Jenkins 2018).

Wahrscheinlich kennen Sie die Kommunikationstechnik des Reframings, bei der das Argument oder auch der Angriff des Gesprächspartners in einen anderen Rahmen gestellt wird. Dieser wirft uns vor: »Das ist viel zu teuer!« oder greift uns gar persönlich an und bezweifelt unsere Aussage: »Was Sie da sagen, ist doch völliger Unsinn!« Sie könnten jetzt erbost verbal zurückschlagen: »Zu teuer? Wie kommen Sie denn darauf? Wir bieten doch auch einen konkreten Nutzen!« oder: »Wenn ich Unsinn rede, möchte ich nicht wissen, welchen Stuss Sie von sich geben!« Die Folge wäre das vollkommene Zerwürfnis. Beide Gesprächspartner stehen im emotionalen Nebel und sind unfähig, einen konstruktiven Dialog zu führen.

Reframing (vgl. dazu Schott et al. 2018) heißt, die Äußerungen und den Angriff des Gesprächspartners in einen konstruktiven Rahmen zu stellen, indem Sie hinter dem, was dieser sagt, eine positive Absicht vermuten. Sie unterstellen ihm also etwas, aber nichts Schlechtes oder Böses, sondern etwas Gutes und Konstruktives: Bei dem Argument »Zu teuer« sagen Sie: »Sie haben recht. Ich finde es gut, dass Sie das Preis-Leistungs-Verhältnis ins Spiel bringen. Welchen Nutzen erwarten Sie sich denn von dem Produkt?« Die Wahrscheinlichkeit ist groß, dass Sie mithilfe dieser Akzentverschiebung nun in die Nutzenargumentation einsteigen können. Die Kraft und

Energie, die in dem Zweifel an Ihren Aussagen liegen, wenden Sie gegen Ihren Gesprächspartner, indem Sie äußern: »Vollkommener Unsinn ist das nicht. Aber Sie haben recht, wir sollten unser Gespräch auf sichere Füße stellen und die Faktenlage klären. Wie stellt sich die Sachlage denn aus Ihrer Sicht dar?« Es funktioniert nicht immer: Aber es ist durchaus möglich, dass das Gespräch wieder ins konstruktive Fahrwasser zurückkehrt. Sie haben sich nicht provozieren lassen, sondern den (verbalen) Angriff des Gegners genutzt, um Ihrem Verhandlungs- und Gesprächsziel zumindest einen kleinen Schritt näher zu kommen.

Für mich hat das Reframing-Prinzip des Judosports, die Kraft und die Energie des Gegners für die eigenen Zwecke zu nutzen, eine zweite Bedeutungsebene, die sich gerade Führungskräfte, die ein Team leiten, viel zu selten bewusst machen. Es geht bei der Teamarbeit nicht nur darum, gemeinsam eine Aufgabe zu bewältigen. Wichtig ist, die Energie der Teammitglieder für die eigene Leistung zu verwenden. Erinnern Sie sich an die Situation, als ich einsam auf der Judomatte stand und dennoch spürte, nicht allein zu sein, weil mein Team mir Kraft, Mut und Unterstützung gegeben hat? Dieses Gefühl des Individuums, im Team aufgehoben zu sein und die Kraft der anderen Teammitglieder aufnehmen und nutzen zu können, ist es, das zu einem Energieschub führt, eine kollektive Teamintelligenz entstehen lässt und den Einzelnen mehr leisten lässt als jemals vermutet. So können mathematische Gesetzmäßigkeiten aufgehoben werden: 2 plus 2 ergeben nun 5!

Führungspersönlichkeiten verstehen es, die Kompetenzen und Potenziale des einzelnen Teammitgliedes in den Dienst des Teams zu stellen. Zugleich gelingt es ihnen, die kollektive Teamintelligenz für die Leistung des einzelnen Teammitgliedes zu aktualisieren.

Neben der eigenen Kraft die Energien anderer Menschen nutzen, um zu einer höheren Teamperformance zu gelangen, und diese Energien in das eigene Tun einfließen zu lassen – das beherrschte mein Judotrainer wie kein zweiter. Dieser Haltung hatten wir so manchen Sieg zu verdanken, denn während für den Gegner immer nur der jeweilige Judoka zum Wettkampf antrat, hatten unsere gegnerischen Wettkämpfer – in einem metaphorisch-bildlichen Sinn – immer das gesamte Team gegen sich.

Das Denken in größeren Zusammenhängen

Wir Menschen sind soziale Wesen. Die meisten von uns möchten, dass wir für unsere Kompetenzen, unsere Fähigkeiten und unsere Leistungen Anerkennung erhalten. Jeder Mensch möchte als sachkundig, kompetent und erfahren wertgeschätzt werden. Dies gelingt, wenn uns andere dezidiert loben, nicht allgemein und pauschal, sondern möglichst konkret und mit einer Begründung, die das Besondere unserer Leistung erkennt und anerkennt. Diese Anerkennung kann nur von anderen Menschen gezollt werden. Im Team sind dies die anderen Teammitglieder und der oder die Teamleiter. Und das ist auch gut so, denn auf diese Weise wird ein zweites existenzielles Bedürfnis des sozialen Wesens »Mensch« befriedigt – das Bedürfnis nach Zugehörigkeit zu einem Verbund, einem Team, zur Abteilung, zum Unternehmen, mithin zu etwas, das größer ist als man selbst.

Aber ebenso wie wir uns die Zugehörigkeit zu einem großen Ganzen wünschen, gehört es zu unseren großen inneren Motivatoren, autonom und eigenständig, eigenverantwortlich und selbstbestimmt zu handeln. Wir möchten dazu gehören und uns zugleich abgrenzen und hervorheben. Meine Erfahrung ist: Je größer der Spielraum für eigenständiges Arbeiten, je umfangreicher die Möglichkeit, die eigene Arbeit prägen und beeinflussen zu können, je mehr also auch agile Teamarbeit von den Teammitgliedern her gedacht wird und der Mensch in den Fokus rückt, desto wahrscheinlicher ist die Entstehung innerer Motivation aufseiten der Teammitglieder.

Mein Judotrainer hat immer über die Judomatte hinaus gedacht und die Entwicklung eines Teams als komplexe Herausforderung gesehen, bei der es nicht genügt, den Wettkampf zwischen den Sportlern, die gerade auf der Matte stehen, zu analysieren. Durch das Denken in größeren, ganzheitlichen und komplexen Zusammenhängen konnte er jene drei Bedürfnisse – das Kompetenzbedürfnis, das Zugehörigkeitsbedürfnis und das Autonomiebedürfnis – berücksichtigen und befriedigen. Führungspersönlichkeiten steigern die kollektive Leistungsfähigkeit, indem sie es ermöglichen, dass die Teammitglieder ihre Kompetenzen und Potenziale entfalten und einsetzen können, um im Team Großes zu leisten. Sie erzeugen einen Teamspirit und damit auch jenes Zugehörigkeitsbedürfnis. Und obwohl alle Teammitglieder in Teamstrukturen eingebunden sind, ist es ihnen möglich, mit einem hohen Grad an Eigenständigkeit zu agieren.

Der Wille zur Selbstreflexion als innere Haltung

Bleibt die Fähigkeit zur Selbstreflexion. Meine Überzeugung ist: Wer Teams und Mitarbeiter menschlich, und damit erfolgreich, führen will, muss das eigene Verhalten in Bezug auf seine Zielsetzungen und Auswirkungen auf die Mitarbeiter, auf die Geführten, immer wieder aufs Neue reflektieren. Menschlich führen kann derjenige am besten, der sich selbst zum Gegenstand seines Nachdenkens macht.

Die Fähigkeit zur Selbstreflexion wird in vielen Unternehmen nicht gern gesehen: Wer allzu viel über sich selbst reflektiert, gilt rasch als führungsschwach. Ich bin aber der Meinung: Eine Führungspersönlichkeit sollte über ein Höchstmaß an Selbstreflexionskraft und aktiver Impulssteuerung verfügen, um sich über die Bedingungen und Konsequenzen ihres Tuns gewissenhaft Rechenschaft ablegen zu können: »Warum handle und führe ich so, wie ich handle und führe? Welche Ziele und Absichten verfolge ich damit? Welche Folgen hat dies für mein Umfeld und insbesondere meine Mitarbeiter und Teams? Was bedeutet das für mich, was macht meine Art des Handelns und Führens mit mir selbst?«

Insbesondere die Selbstreflexionskraft ist für mich in meiner Eigenschaft als Supervisor, Mediator und Konfliktlöser sehr bedeutsam. Wenn ich in einen Konflikt eingreife, werde ich selbst zum Bestandteil des Konflikts. Ich nehme Einfluss auf ihn, ob ich das will oder nicht. Selbst bei größter Objektivität und Zurückhaltung verändere ich das Gefüge zwischen den Konfliktparteien. All dies muss ich bei der Supervision, Mediation und der Arbeit mit dem Team beachten. Ähnlich verhält es sich bei der Führungspersönlichkeit, bei der Begleitung von Mitarbeitern und Teams. Sie nimmt Einfluss, sie verändert sich selbst im Zuge der Führungsarbeit, sie beeinflusst das Teamgefüge, sie trägt bei zu Veränderungsprozessen, die auf der Mitarbeiterebene und der Teamebene ablaufen.

Übung: Inwiefern steht bei Ihnen der Mensch im Fokus?

Beurteilen Sie auf einer Skala von 0 (= Ansicht gar nicht vorhanden) bis 10 (Ansicht vollkommen ausgeprägt):

- Ich sehe im Mitarbeiter und im Teammitglied vor allem den Menschen.
- Der Mensch selbst ist für mich immer wichtiger als die Leistung der Person (bei Berücksichtigung dieses Diktums folgt die gute Leistung wie von selbst).
- Es gehört zu meinen Aufgaben (als Führungspersönlichkeit), auch die Interessen des einzelnen Mitarbeiters zu beachten.
- Es liegt in meiner Verantwortung als Führungspersönlichkeit, im Rahmen der Team- und Mitarbeiterführung vor allem Menschen zu entwickeln.
- Wertschätzung ist für mich bedeutsamer als Wertstiftung.
- Ich bin der Meinung, dass Vertrauen auf der Grundlage guter und stabiler Beziehungen zwischen Führungspersönlichkeit und Mitarbeiter entsteht.
- In der digitalen Arbeitswelt ist gehört der Faktor Menschlichkeit zu den wichtigsten Werten.
- Wertschätzende und achtsame Führung sind wichtige Wertschöpfungsfaktoren.
- Menschlichkeit rechnet sich. Darum lohnt es sich, Menschlichkeit zu fördern.
- Der Mitarbeiter ist ein Gefühls- und Verstandeswesen.

Moderne Führungspersönlichkeiten definieren Selbstbewusstsein und Durchsetzungsstärke für sich neu. Sie wollen über die die innere Stärke verfügen, sich selbst infrage zu stellen. Sie agieren nicht als allwissende Vorgesetzte mit Vorgaben, die genau wissen, wo es langgeht. Sie sind zum Perspektivenwechsel in der Lage, können sich auf den Stuhl der Mitarbeiter und Teammitglieder setzen, sind bereit, Anregungen von außen wahrzunehmen und aufzugreifen, diese zu prüfen und in das eigene Verhaltensrepertoire zu integrieren. Sie blicken über den Tellerrand hinaus und können darum notfalls auch bewährte, aber alte Führungszöpfe abschneiden und durch innovative Handlungsoptionen ersetzen. Sie führen und motivieren nicht allein durch die virtuose Handhabung eines Sets an Führungskompetenzen und agilen Methoden, sondern überzeugen mit ihrer Persönlichkeit und durch ihre Vorbildwirkung. Darum verstehen sie sich als Berater, Entwickler und Stolperstein-Beseitiger, die den Mitarbeitern diejenigen Barrieren aus dem Weg räumen, die diese daran hindern, ihre Aufgaben bestmöglich zu erledigen. Pointiert ausgedrückt:

Sie denken nicht nur die agile Teamarbeit, sondern Führungsarbeit insgesamt stets von den beteiligten Menschen aus – und handeln entsprechend.

Damit eine Führungspersönlichkeit dies leisten kann, muss sie nach der Inschrift »Erkenne dich selbst« am Apollotempel von Delphi die Persönlichkeit werden, die sie ist, und zwar mithilfe ständiger Selbstbefragung und Selbsterkenntnis. Sie ist eine psychologisch geschulte Führungspersönlichkeit, die ständig und ergebnisoffen auf der Suche nach Potenzialen ist, die entdeckt und gehoben werden müssen, und zwar bezogen auf die eigene Person und auf die Mitarbeiter.

Lassen Sie uns zum Abschluss dieses Bausteins resümieren, welche Eigenschaften und Merkmale einer Führungspersönlichkeit von besonderer Relevanz sind. Zunächst gilt: Einer Führungspersönlichkeit gelingt es, sich in der digitalen Arbeitswelt auf die Weiterentwicklung der Mitarbeiter zu konzentrieren. Damit diese Vereinbarkeit gelingt, sind neben der Beherrschung agiler Führungsinstrumente bestimmte Persönlichkeitseigenschaften notwendig. Als Teamverantwortliche wertschätzt die Führungspersönlichkeit Mitarbeiter und Teammitglieder als Menschen und einzigartige Individuen, deren Potenziale es zu entwickeln gilt. Bei der Teamarbeit ist ihr vordringliches Ziel, dass die Teamenergie jedem Teammitglied zugutekommt und die Kompetenzen der einzelnen Menschen wiederum dem Teamganzen.

Hinzu kommt: Auf dem Weg zu Ihrem persönlichen Entwicklungsziel beantwortet sie im Rahmen ihrer Führungsarbeit immer beide Fragen: »Wie agil agiere ich?« und »Steht bei meiner Führungsarbeit der Mensch im Fokus?« Und Sie ist der festen Überzeugung, dass agile Teamarbeit nur funktioniert, wenn sie den Menschen in den Mittelpunkt rückt.

Vier entscheidende Denkanstöße für die Teamführung

Denkanstoß 1: Agile Teamarbeit setzt voraus, dass sich die Führungspersönlichkeit bei der Einführung agiler Strukturen und Prozesse auf die Bedürfnisse der Mitarbeiter konzentriert. Voraussetzung für gelungene agile Teamarbeit ist die Fokussierung auf die beteiligten Menschen.

Denkanstoß 2: Wer Teamführungsexzellenz aufbauen will, muss zunächst einmal die Fähigkeit zur Selbstreflexion aufbauen.

Denkanstoß 3: Energie, Kraft und Umsetzungserfolge entstehen, indem die Teammitglieder die Energien der Teamkollegen nutzen und zu einer Einheit (größeres Ganzes) verschmelzen.

Denkanstoß 4: Es ist hilfreich, Prinzipien aus dem Sport (Judosport) auf die Teamführung zu übertragen.

Jetzt sind wir doch wieder bei der Eier legenden Wollmilchsau angelangt, indem ich die wichtigsten Eigenschaften und Merkmale einer Führungspersönlichkeit beschrieben habe. Damit nicht genug: Im nächsten Baustein kommt noch eine Eigenschaft hinzu.

Baustein 2

Als coachende Führungspersönlichkeit Hilfe zur Selbsthilfe anbieten

 Kapitel-Check

Was Sie in diesem Kapitel erwartet

Agile Teamarbeit setzt einen hohen Grad an Selbstverantwortung und Selbstorganisation voraus. Dies birgt Gefahren, die von einer coachenden Führungspersönlichkeit erkannt und bei der Teamarbeit beachtet werden.

Ihr Nutzen

Sie können prüfen, ob Sie über die Kompetenzen einer coachenden Führungspersönlichkeit verfügen.

Die Führungspersönlichkeit als Coach

Im letzten Baustein haben Sie erfahren, was eine Führungskraft von einer menschlich-agilen Führungspersönlichkeit unterscheidet. Diese stellt beim Thema Agilität immer den Menschen in den Fokus und ist sich darüber im Klaren, dass agile Teamarbeit vor allem dann gelingt, wenn bei der Implementierung agiler Strukturen die Erwartungen und Bedürfnisse der Mitarbeiter mit bedacht werden. Für mich verdichtet sich diese Haltung in dem Begriff der coachenden Führungspersönlichkeit – die Führungspersönlichkeit als Coach.

Der Terminus »Coach« geht auf den Begriff »Kutsche« zurück – im 19. Jahrhundert wurde der Begriff »die Coach« für eine vierrädrige Kutsche für vier Personen verwendet. Was aber hat ein Coach mit einer Kutsche zu tun? Nun: Der Kutscher oder Coach öffnet dem Fahrgast, dem Coachee oder Mitarbeiter, die Tür der Kutsche, damit sich der Fahrgast in den geschützten Innenraum des Gefährts begeben kann. Die coachende Führungspersönlichkeit agiert also als Türöffner – es ist aber der Mitarbeiter selbst, der sie durchschreiten muss. Auch wohin die Reise geht, bestimmt der Fahrgast. Dann geht die Reise los, unter Begleitung und Anleitung des Kutschers, der dem vorgegebenen Weg folgt, diesen aber bei Bedarf, wenn etwa ein Hindernis oder eine Stolperfalle auftaucht, auch verlassen kann – jedoch nur, um schließlich wieder Kurs auf das angestrebte Ziel zu nehmen. Und Hindernisse räumt er aus dem Weg. In diesem Bild fungieren die Pferde als »Instrumente«, die der Kutscher mithilfe der Zügel nutzt, um seinen Fahrgast ans Ziel zu bringen.

Mittlerweile hat der Begriff »Coach« einen Bedeutungswandel durchgemacht – Coaching versteht sich als auch mentale Unterstützung zu besseren Leistungen, zunächst im Sport, dann auch in Management und Führung. Heute ist Coaching ein vielschichtiger und bunter Sammelbegriff und vereinigt eine Vielzahl verschiedener Managementansätze, ohne selbst auf ein allgemein verbindliches Konzept verweisen zu können. Gemeinsa-

mer Nenner der verschiedenen Strömungen ist, dass Coaching als Gattungs-
begriff einer Beratungsform verstanden werden kann, deren Intention in
der Beseitigung von Störquellen, der Entdeckung und Hebung brachliegen-
der Potenziale und der Verbesserung von Leistung liegt. Als substanzielle
Merkmale von Coachingprozessen gelten Individualität, Ganzheitlichkeit,
Gleichrangigkeit, Vertraulichkeit und Unabhängigkeit.

Coachende Haltung oder Führung bedeutet, dass die
Führungspersönlichkeit den Mitarbeitern Unterstützung anbietet,
die selbst gesteckten Ziele zu erreichen.

Noch einmal zurück zu dem Kutschen-Bild: Die Metapher beschreibt stim-
mig, dass eine coachende Führungspersönlichkeit bei der Mitarbeiterführung wie ein Kutscher die Zügel nur leicht in der Hand hält und die
eigentliche Arbeit die Pferde verrichten lässt – oder besser: die Mitarbeiter
oder Teammitglieder. Die Führungspersönlichkeit fördert die Teammitglieder vor allem begleitend, beratend, unterstützend. Sie ist dann für einen
Mitarbeiter da, wenn dieser Hilfe benötigt und um Unterstützung nach-
sucht. Ihre Hauptaufgabe besteht darin, für eine Zeit lang die Zügel etwas
fester in die Hand zu nehmen, um Hindernisse zu umfahren, was der Mitarbeiter selbst derzeit nicht schafft.

Darüber hinaus bietet sie Hilfe zur Selbsthilfe an, nach dem Motto: »Dieses
Mal übernehme ich noch die Verantwortung und unterstütze dich, aber
danach kümmern wir uns gemeinsam darum, dass du die Kompetenzen
aufbaust, mit denen du beim nächsten Mal die Barrieren auf dem Weg zum
Ziel selbst wegschaffst.«

Das Kutschen-Bild beschreibt meiner Meinung nach anschaulich das Verhalten einer Führungspersönlichkeit, die zwar bei der agilen Teamarbeit
den Grad der Selbstorganisation sehr hoch ansetzen möchte, es jedoch

ablehnt, ein Team vollkommen sich selbst zu überlassen. Ein »chefloses« Team ist für die coachende Führungspersönlichkeit kaum vorstellbar, wobei sie genau weiß, dass es bei der Beantwortung der Frage, wie viel Führung ein Team benötigt, stets auf den konkreten Reifegrad eines Teams und der einzelnen Teammitglieder ankommt. Entscheidend ist, dass die coachende Führungspersönlichkeit immer auch die Zielsetzung und die Persönlichkeitsstruktur des einzelnen Teammitgliedes berücksichtigt und in den Fokus rückt, ohne ihm etwas aufdrängen zu wollen. Team und Teammitglieder bestimmen das Ziel, die Führungspersönlichkeit greift eher korrigierend ein. Auf der anderen Seite aber erwartet sie nicht das Vorhandensein eines hohen Selbstorganisationsgrades als Automatismus.

Dies ist ein Fehler, der – in Baustein 1 klang es bereits an – in vielen Unternehmen bei der Durchführung agiler Teamarbeit gemacht wird. Weil die Verantwortlichen davon ausgehen, die Teamarbeit in soziokratischen und holokratischen Teamgefügen könne auch ohne Führung und ohne Chefs ablaufen, müssen sie zugleich hoffen, dass die Teammitglieder allein zurechtkommen. Die Hoffnung wird zur Erwartung und schließlich zur Voraussetzung – und dann ist das Erstaunen groß, dass die Teamarbeit nicht zu den erwarteten Resultaten führt oder gar scheitert. Schnell wird dann die Teamarbeit selbst verteufelt, ohne zu reflektieren, dass aufgrund der Ausgangsprämissen die Wahrscheinlichkeit des Scheiterns sehr hoch war.

Coachende Führungsarbeit hingegen hat zum Ziel, den Grad der Selbstorganisation und Selbstführung immer weiter zu entwickeln. Es wird als zielführend und konstruktiv angesehen, den Teammitgliedern zu zeigen und sie es durch Learning by doing und praktische Erfahrungen trainieren zu lassen, sich selbst zu organisieren. Dabei wird zunächst einmal von einer eingeschränkten Selbstverantwortung ausgegangen, um die Eigenverantwortung dann sukzessive zu fördern, also Schritt für Schritt auszubauen.

Selbstorganisation, Eigen- und Selbstverantwortung werden nicht gefordert, sondern gefördert und eingeübt.

Ohne dass mein damaliger Judotrainer jemals etwas von Agilität und agiler Führungsarbeit gehört hätte, hat er schon damals Probleme agil gelöst und als coachende Führungspersönlichkeit agiert. Es gab eine Zeit, in der mein Bruder und ich als die »Polz-Brothers« gemeinsam in einem Team kämpften. Leider auch in derselben Gewichtsklasse, nämlich in der Kategorie bis neunzig Kilogramm. Das war insofern ein Problem, als es im Team möglichst immer nur einen Judoka pro Gewichtsklasse geben sollte. Der Grund: In der Auseinandersetzung mit dem Gegner darf es immer nur einen Kampf pro Gewichtsklasse geben. Also musste entweder mein Bruder oder ich gegen einen Hundert-Kilogramm-Gegner antreten. Unser Trainer hat es dann jeweils uns selbst überlassen, wer in seiner »richtigen« Klasse und wer in Hunderter-Klasse einen Kampf absolvierte. Er hat uns vertraut, dass wir die richtige Entscheidung in Selbstverantwortung treffen würden, und wir haben ihn nicht enttäuscht, indem wir uns intensiv auf die Kämpfe vorbereitet und die jeweiligen Gegner manchmal sogar vor Ort beobachtet haben, um dann zu entscheiden, wer von den Polz-Brothers in welcher Gewichtsklasse kämpft. Auch in einem agilen Team entscheiden die Mitglieder eigenverantwortlich und selbstorganisierend, wer welche Aufgabe übernimmt.

Agile Teamarbeit braucht (wieder) mehr Führung

Woran liegt es, dass in so vielen Unternehmen ein sehr hoher Selbstorganisationsgrad vorausgesetzt wird? Ist hierfür die Überzeugung verantwortlich, dass Menschen am besten in enthierarchisierten Strukturen arbeiten könnten? Aber ist das wirklich so? Gibt es nicht genauso viele Menschen, und zwar Mitarbeiter und Führungskräfte, die sich in führungslosen und hierarchiefreien Räumen überhaupt nicht entfalten können, weil es ihnen an Orientierung, an Anleitung, stabilisierenden Vorgaben und Sicherheit garantierenden Vereinbarungen fehlt? Und: Gibt es überhaupt komplett hierarchiefreie Räume? Wissenschaftler beobachten im Gegensatz zum hierarchiefreien Leitbild des Arbeitens, dass sich in Arbeitsumgebungen, in denen formale Hierarchien abgeschafft werden, sich neue Hierarchieformen ausbilden. Es scheint so zu sein, dass dort wo Menschen zusammenarbeiten, sich immer irgendwelche Hierarchieformen herausbilden.

Die Gefahren und Tücken der Arbeit in flachen Hierarchien hat der Sozialwissenschaftler Stefan Kühl bereits 1994 in seinem Buch »Wenn die Affen den Zoo regieren« beschrieben. Das Buch ist aktueller denn je – und auch heute noch erhältlich. Das Thema wird aktuell unter der Fragestellung diskutiert, ob nicht zu viel Freiheit und ein Zuviel an Selbstorganisation kontraproduktiv für die Team- und Unternehmensentwicklung sind. Selbstorganisiertes Arbeiten ohne formale Strukturen im agilen Team wird zur Belastungsprobe für die Teammitglieder.

Fehlt es an Führung, kann sich im Team vor allem im Konfliktfall eine unheilvolle Gruppendynamik in Gang setzen, durch die die Teammitglieder eher gegen- als miteinander arbeiten.

Verunsicherung und Instabilität im Team sind der Preis, der für Flexibilität, Anpassungsfähigkeit und Schnelligkeit bezahlt werden muss. Insofern bin ich der Meinung, dass Unternehmen und Teams eher mehr als weniger Führung benötigen, zumindest in bestimmten Entwicklungsphasen. Und auf Mitarbeiterseite ist es zielführender, ihnen zwar Autonomie und Eigenverantwortung zuzugestehen und zuzuweisen, aber dies in einem begrenzten Umfang zu tun. Es darf nicht um vollkommene Autonomie und Selbstständigkeit gehen, sondern um einen auf die realen Rahmenbedingungen und den Reifegrad der Menschen abgestimmten Umfang an Selbstverantwortung und Selbstorganisation. Und diese Aufgabe sollte von einer coachenden Führungspersönlichkeit übernommen werden.

Nach meiner Beobachtung gibt es zwar Teams, die es schaffen, in enthierarchisierten Strukturen gut zu arbeiten. Nur: Meistens sind diese Teams zuvor nach den entsprechenden Kriterien zusammengestellt worden, das heißt, es sitzen Personen im Team zusammen, die daran gewohnt sind, führungslos und in sehr flachen Hierarchien zu agieren. Die Teammitglieder konnten in zahlreichen Projekten die notwendigen Kompetenzen aufbauen und die erforderlichen Erfahrungen sammeln, die ihnen jetzt helfen, in einem Team mit hohem Selbstorganisationsgrad erfolgreich zu sein. Meine Schlussfolgerung lautet demnach: Wenn keine Zeit bleibt, die Teammitglieder die Zusammenarbeit in flachen Hierarchien einüben zu lassen, sollte bei der Teamzusammenstellung Wert darauf gelegt werden, dass die Mitarbeiter ein hohes Maß an Eigen- und Selbstverantwortung übernehmen wollen und können. Es darf nicht sein, dass diese Kompetenzen erst im Rahmen der Teamarbeit erworben werden müssen. Das mag für die Teammitglieder erfreulich sein, bauen sie doch Fähigkeiten auf, die ihnen auf ihrem weiteren beruflichen Entwicklungsweg nützlich sind. Für die aktuelle Teamarbeit jedoch ist dies eher kontraproduktiv.

Auch die viel beschworene Schwarmintelligenz mag zu der Überzeugung beitragen, dass in den Unternehmen ein hoher Selbstorganisationsgrad einfach vorausgesetzt wird. In Zeiten von Big Data und Digitalisierung ist die Meinung weit verbreitet, es genüge, über möglichst viele Einzeldaten zu verfügen und sich miteinander zu vernetzen, um zu guten Ergebnissen zu gelangen. Anscheinend wird dieses Denken auf soziokratisch und holokratisch organisierte Teams übertragen: Man vertraut darauf, durch die Zusammenarbeit zahlreicher Individuen werde schon ein gutes Teamergebnis entstehen. Allerdings: In Teams ohne Führung wird meiner Erfahrung nach viel Zeit und Energie für endlose und ergebnislose Diskussionen verschwendet. Auch halten sich nicht alle Teammitglieder an getroffene Vereinbarungen, weil es an Durchsetzungsautorität fehlt. Und darum noch einmal: Agile Teamarbeit braucht (wieder) mehr Führung.

Coachende Führungspersönlichkeiten sind sich darüber im Klaren: Das Ende der Hierarchien ist noch längst nicht eingeläutet. Vielmehr gilt: Die meisten Unternehmen brauchen im Rahmen ihrer agilen Teamarbeit eher mehr als weniger Führung. Und zwar primär eine Führung mit dem Ziel, Mitarbeiter mit den agilen Methoden vertraut zu machen und sie zu befähigen, agil im Team zu arbeiten.

Drei entscheidende Denkanstöße für die Teamführung

Denkanstoß 1: Eine coachende Führungspersönlichkeit setzt die Fähigkeit zur Selbstorganisation und Eigenverantwortung nicht voraus. Sie hilft den Mitarbeitern, diese Kompetenzen aufzubauen und zu trainieren.

Denkanstoß 2: Sie beherrscht die Kunst, das richtige Maß zwischen Führung und Selbstverantwortung zu finden. Sie räumt den Mitarbeitern die Freiräume ein, die diese benötigen, um gute Leistungen zu erbringen. Zugleich steht sie dann unterstützend zur Verfügung, wenn dies notwendig und erwünscht ist.

Denkanstoß 3: Im agilen Team bedarf es der Führung, und zwar in Abhängigkeit vom Reifegrad der Teammitglieder und von den Rahmenbedingungen, unter denen die Teamarbeit stattfindet.

Sie wissen jetzt, welche elementaren Eigenschaften eine coachende Führungspersönlichkeit auszeichnen. Ein wichtiges Ziel ihrer Führungsarbeit besteht darin, im Team Teamintelligenz zu erzeugen. Dazu ist zunächst einmal eine saubere Analyse des Teamgefüges notwendig. Und dabei spielt der Begriff des »inneren Teams« eine zentrale Rolle.

Baustein 3

Teamintelligenz und die innere Ordnung des Teams

 Kapitel-Check

Was Sie in diesem Kapitel erwartet

Wer Teams bei der Weiterentwicklung unterstützen will, sollte einen ganzheitlichen Blick auf das Team werfen und dessen innere Ordnung erkennen und berücksichtigen.

Ihr Nutzen

Sie erhalten ein Modell an die Hand, mit dem es gelingt, die innere Teamordnung zu analysieren, um schließlich zu Teamintelligenz zu gelangen.

Teamisierung statt Individualisierung

Gute Teamleistungen stehen natürlich in Abhängigkeit von den Teammitgliedern. Setzt sich das Team aus inkompetenten Mitgliedern zusammen, wird es nur schwerlich oder in Ausnahmefällen zu vorzeigbaren Resultaten gelangen. Andererseits darf der Kompetenzgrad der Menschen im Team nicht überbewertet werden. Topqualifizierte Mitarbeiter ergeben nicht automatisch ein Hochleistungsteam, das Topergebnisse am Fließband produziert. Bernd-Wolfgang Lubbers drückt dies so aus: »Ein intelligentes Team ist mehr als die Summe seiner Kompetenzen« – Lubbers spricht von TeamIntelligenz, mit großem »I«, und zwar schon im Jahr 2005 (Lubbers 2005). Und die Psychologin Anita W. Woolley, so Sascha Reimann, hat belegt, dass es für die Teamperformance sogar nachteilig sein kann, wenn der Fokus allzu sehr auf die Individuen und die Einzelleistungen gelegt wird: »Teams werden erst auf kollektiver Ebene intelligent: Die Teamintelligenz ist weitgehend unabhängig von der Intelligenz der Mitglieder, sie ist eine Funktion des Teams selbst.« (Reimann 2018: 33) Dieser schwer fassbare Mehrwert sei vor allem auf die Interaktionen zurückzuführen, die im Team zwischen den Teammitgliedern stattfinden. Mit »Interaktionen« sind zum Beispiel der regelmäßige Austausch und die kontinuierliche Kommunikation zwischen den Teammitgliedern gemeint. Darum sind agile Methoden wie Scrum und Design Thinking, die auf dem intensiven kommunikativen Austausch basieren, besonders gut für die Teamarbeit geeignet, solange sie – dazu später mehr – sich am Menschen und den Bedürfnissen der beteiligten Mitarbeiter orientieren.

Reimann reflektiert den Forschungsstand und beschreibt, dass die kollektive Intelligenz von dem Vertrauensgrad abhängt, der im Team herrsche. Weitere wichtige Faktoren seien die Empathie, die Vielfalt im Team – ein hoher Frauenanteil sei der kollektiven Intelligenz zuträglich. Daraus sei zu schließen, dass sowohl in agilen als auch in klassischen Teams eine »wertschätzende und moderierende Führung« am ehesten geeignet sei, ein Team zu einer hohen Teamperformance zu führen: »Um Teamleistungen zu verbessern, empfiehlt es sich, den Fokus vom Individuum und Einzelleistungen auf das Kollektiv und seine Interaktionen zu richten. Damit ändert sich auch die Definition, was eigentlich ein gutes Team ist und was gute Teamleistung ausmacht. Das Ergebnis ist dabei weniger entscheidend als die Art der Zusammenarbeit selbst.« (Reimann 2018: 36)

Ich möchte hier einen neuen Begriff einführen – nämlich den der »Teamisierung« von Topleistungen. Was heißt das? Wir tendieren dazu, Erfolge und Misserfolge zu individualisieren, also Einzelpersonen zuzuschreiben. Bei erfreulichen Resultaten kann dies für den einzelnen Menschen positive Folgen haben, anders schaut es bei Misserfolgen aus. Auch beim kollektiven Versagen einer Gruppe neigen wir dazu, uns einen Schuldigen herauszupicken und diesem allein den Misserfolg anzuhängen. Für die Teamarbeit in disruptiven Zeiten jedoch sollte aus meiner Sicht gelten:

Die Resultate, Ergebnisse und Prozesse, die im Team ablaufen, sollten nicht individualisiert, sondern vielmehr teamisiert werden.

Ehre, wem Ehre gebührt: Einzelleistungen sollten selbstverständlich als Einzelleistungen anerkannt werden. Bei Teamleistungen jedoch, die im Kollektiv und als Folge jenes Mehrwertes erbracht wurden, ist es richtig, sie eben auch als solche hervorzuheben und zu würdigen. Unser damaliger Judotrainer, der Ihnen bereits des Öfteren begegnet ist, hat dies immer wieder so gehandhabt, indem er Einzelleistungen auf der Judomatte, der Tatami, belobigt, dann aber immer auch sofort auf die Teamleistung rekurriert und uns verdeutlicht hat, dass wir in unseren Einzelwettkämpfen vor allem aufgrund unseres Teamspirits bestehen konnten. Ich möchte statt vom Teamspirit von kollektiver Intelligenz oder Teamintelligenz sprechen, mit der es uns damals des Öfteren gelungen ist, Gegner zu besiegen, die uns nominell und vom Können der Einzeljudokas her gesehen eigentlich überlegen waren. Ein Kennzeichen dieser kollektiven Intelligenz und des Teamspirits war, dass es dem Trainer gelungen ist, uns zu verdeutlichen, dass wir etwa im Training stets deutlich mehr Judokas benötigt haben als später im Wettkampf. Denn je mehr Judokas am Trainingsbetrieb teilnahmen, umso leichter war es, die Besten zu fördern. Unserem Trainer ist es gelungen, diesen Trainingspartnern zu verdeutlichen, wie groß und bedeutend ihr Beitrag zum Teamerfolg war, selbst wenn sie nicht am Wettkampf teilgenommen, sondern »nur« im Training geholfen haben, ihre Kameraden zu fördern. »Jeder ist wichtig, auf und außerhalb der Judomatte« – das war ein Schlüsselsatz für unsere Erfolge.

Die Grundfrage: Wie tickt das Team?

Von meinem Judotrainer habe ich viel über Teamarbeit, Teamentwicklung und vor allem Teamführung gelernt, nicht nur als Judoka, sondern auch als Jugendtrainer im Judobereich. Seit meinem 14. Lebensjahr bin ich als Judotrainer tätig gewesen. Dabei habe ich mich mit dem Phänomen beschäftigt, wie Menschen lernen und wie sich mehrere Individuen motivieren lassen, sich zu einem Team zu entwickeln, das vor allem mithilfe des Teamspirits und des Zusammenhalts überzeugt. Schon damals habe ich, ohne den Begriff zu kennen, die Leistungen meiner Judokas teamisiert, wahrscheinlich weil mein eigener Judotrainer damals auch in dieser Hinsicht ein Vorbild war.

Als Jugendtrainer war es meine Aufgabe, Kindern im Alter von sechs bis zehn Jahren die wesentlichen Elemente des Judosports beizubringen. Dabei ging es um die Grundhaltung des Judosports, nämlich »den sanften Weg«, im Team vorzuleben und das Interesse der Kinder für diese Grundhaltung, bei der die Kraft und die Energie des Gegners für die eigenen Zwecke genutzt werden soll, zu wecken. Judo ist zwar eine Einzelwettkampfsportart, doch jeder Einzelkämpfer ist immer nur so gut, wie das gesamte Team trainiert und bei Mannschaftswettkämpfen agiert. In einem Judoteam, in dem die Mitglieder zusammenhalten, wächst die Wahrscheinlichkeit, dass diese ihre Fähigkeiten zur Entfaltung bringen können und mithilfe der positiven Auswirkungen eines gelebten Teamspirits mehr leisten, als ihre Qualifikation als Einzelkämpfer vermuten lässt.

Die Erfolge meines Judo-Teams waren möglich, weil die – so drücke ich es heute aus – kollektive Intelligenz oder Teamintelligenz hoch entwickelt war: Unsere gemeinsame Aufgabe lautete, »Deutscher Meister« zu werden. Die Zufriedenheit der einzelnen Teammitglieder wurde durch ein rollierendes System stabil gehalten, sodass sich jeder mit dem Team identifizieren und zugehörig fühlen konnte. Jede Gewichtsklasse wurde zweifach besetzt, sodass das Team aus vierzehn Kämpfern für sieben Gewichtsklassen bestand. Dabei verstand sich aber niemand als Konkurrent des anderen, sondern im Gesamtteam gab es quasi sieben Zweierteams. Der Identifikationsfaktor und das stabilisierende Zusammengehörigkeitsgefühl haben wir durch eine eigene Hymne und Kapuzenshirts, die als Markenzeichen fungierten, gestärkt. Bei der Teamarbeit ging und geht es immer auch darum, bei all den Trainingsanstrengungen Spaß und Freude zu haben. Im Laufe der Zeit konnten sich Regeln, Normen und Strukturen etablieren, die zum Erhalt des Systems »Team« beigetragen haben, ohne dass dies den Teammitgliedern und auch mir als Trainer bewusst geworden wäre. Zu diesen Regeln zählte, dass Probleme und Konflikte zeitnah thematisiert und besprochen wurden und jeder wusste, welche Grenzen zu beachten waren. Wichtig war überdies der Respekt vor dem Gegner. Die Verbeugung beim Judo ist auch ein Zeichen für die Wertschätzung, die ein Judoka dem Gegner und dessen Können erweist, ganz gleich, ob er verloren oder gewonnen hat. Entscheidend ist die Demut vor dem gegnerischen Können, die daraus erwächst, dass jeder jeden besiegen kann.

Ein solches Team fällt allerdings nicht vom Himmel, es muss entwickelt werden. Um die entsprechenden Entwicklungsprozesse in Gang zu setzen, muss ich mir als Trainer – seinerzeit als Judotrainer, heute als Trainer und Coach im Businessbereich – stets einen Überblick darüber verschaffen, wie das Team tickt. Dabei spielten schon in meiner Zeit als Judotrainer Fragen wie die folgenden eine Rolle:

Wer eigentlich hat das Sagen in der Gruppe?

Das heißt: Welche Normen, Sitten und auch Rituale und Gebräuche beeinflussen die Stabilität und Dynamik des Teams? Rangordnungen gibt es natürlich auch schon in Teams, deren Mitglieder noch jung sind – die Ausbildung von Rangordnungen ist nicht altersabhängig.

Muss dabei unterschieden werden zwischen den formalen, vielleicht auch ausformulierten Normen, und denen, die auf einer informellen Ebene dominieren? Die also gar nicht ausformuliert sind und dennoch die formalen Regeln überlagern?

Sie kennen gewiss das Phänomen des heimlichen Gruppen- oder Teamführers, der im Hintergrund agiert, aber einen hohen Einfluss auf das Teamgefüge hat. Es mag im Team einen offiziellen Chef oder Anführer geben, der quasi auf der Vorderbühne agiert. Im Hintergrund jedoch, auf der Hinterbühne allerdings agiert ein anderes Teammitglied und steuert das Tun und die Entwicklung der Gruppe. Wer als Teamleiter – oder eben als Judotrainer – die Aktivitäten, die auf jener Hinterbühne ablaufen, nicht kennt und durchschaut, verliert den Einfluss auf das Team.

Wichtig ist mithin die klare Unterscheidung und Trennung zwischen den formellen, offiziellen und sichtbaren Regeln und Hierarchien (= Vorderbühne) und den informellen, inoffiziellen und nicht sichtbaren Regeln und Hierarchien (= Hinterbühne).

Welche Rolle spielt das Umfeld?

Wie gesagt, habe ich vor allem Kinder im Alter von sechs bis zehn Jahren trainiert. Sie können sich vorstellen, dass die Eltern der jungen Judokas großen Einfluss auf die Motivation und das Engagement der Kinder genommen haben, und damit auf die Teamentwicklung. Zumindest haben sie dies immer wieder versucht. Wer ein Teamgefüge analysieren will, darf nicht nur das innere Umfeld, die Teammitglieder selbst, ins Auge fassen, sondern muss überdies das äußere Umfeld beachten und zum Gegenstand der Analyse machen.

Welche Konflikte gibt es und müssen bearbeitet werden?
Ich erinnere mich an meine Frühzeit als Judotrainer, in der ich dazu tendierte, Konflikte auszuräumen, weil ich die negativen Konsequenzen des Konflikts auf die harmonische Ausbildung des Teams befürchtete. Dies ging zwar nie so weit, dass ich einen Konflikt unter den berühmt-berüchtigten Teppich kehren wollte. Denn ich wusste: Geschieht dies, droht die Gefahr, dass der Konflikt im Verborgenen schwelt und einen Flächenbrand provoziert, der das gesamte Umfeld in Mitleidenschaft ziehen und nachteilige Folgen für das Team haben kann. Aber ich war doch geneigt, die Harmoniesoße anzurühren und eher auf Konfliktvermeidung zu setzen.

Als ich jedoch akzeptieren musste, dass dann ein Konflikt durchaus an anderer Stelle wieder aufbrechen kann, war klar: Konflikte sollten besser als belebendes Element gesehen werden. Mit anderen Worten: Ein Teamkonflikt darf nicht als störendes Element definiert, sondern muss als Bestandteil der Entstehungs- und Entwicklungsgeschichte eines Teams akzeptiert werden. Ich änderte meine grundsätzliche Einstellung zu Konflikten und weiß heute: Wenn es zum Beispiel zu Spannungen zwischen Teammitgliedern, widersprüchlichen Anforderungen und unterschiedlichen Bedürfnissen kommt, ist es zielführend, gerade diese Spannungen für die Teamentwicklung zu nutzen. Sobald es gelingt, die Konfliktursachen zu identifizieren und die Beziehung zwischen den Konfliktbeteiligten zu klären, kann der Konflikt belebend auf Teambildung und Teamarbeit wirken. Der Konflikt entwickelt sich zum systemischen Bestandteil des Teamgefüges und trägt zur Weiterentwicklung des Teams bei.

Teamhierarchien, formelle Vorderbühne und informelle Hinterbühne, die positiven Folgen von Konflikten – all dies habe ich in meiner Zeit als Jugendtrainer eher unbewusst und oft auch nur intuitiv bei der Führung der

Judotruppe beachtet. Vor allem habe ich nie oder selten die Zusammenhänge und Abhängigkeiten zwischen den einzelnen Faktoren berücksichtigt, dazu fehlte mir als junger Mensch und Trainer die Erfahrung, zudem das Wissen und die Kompetenz, zuweilen auch die Durchsetzungsfähigkeit. Als ich zum Beispiel einen Hierarchiekonflikt zwischen zwei jungen Judokas bemerkte, suchte ich das Gespräch mit den Beteiligten, um den Streit zu glätten und die Streithähne wieder mit ins Teamboot zu holen. Das wiederum rief die Eltern eines der Kinder auf den Plan, die ihren Filius benachteiligt sahen und damit drohten, bei auswärtigen Wettkämpfen nicht mehr als Fahrer zur Verfügung zu stehen. »Dann müsst ihr euch eben einen Bus anschaffen!«

Übrigens: Erst in diesem Zusammenhang ahnte ich, dass die Mütter und Väter aus falsch verstandenem Ehrgeiz eine Privatfehde austrugen und die Söhne in meinem Judoteam in einem Stellvertreterkonflikt die Auseinandersetzung zwischen den zerstrittenen Eltern spiegelten. Heute weiß ich, dass bei der Teamführung und Teamentwicklung die profunde Kenntnis der inneren Ordnung des Teams unerlässlich ist. Erst der ganzheitliche Blick auf diese innere Ordnung erlaubt es, zwar nicht alle, aber doch die meisten Zusammenhänge und Abhängigkeiten zwischen den Teammitgliedern und den Prozessen zu erkennen, die für die Teamarbeit relevant sind.

Der ganzheitliche Blick auf das Team

Für meine heutige Praxis als Trainer und Coach heißt das: Ich kann Unternehmen bei der Teamentwicklung und Führungskräfte bei der Teamführung erst dann nachhaltig unterstützen, wenn sie mir den tiefen Einblick in die innere Struktur des Teams gewähren. Es sollten mithin alle Informationen vorliegen, um jene innere Ordnung des Teams möglichst vollständig und objektiv erkennen und beurteilen zu können. Alles andere hat nur zur Folge, an der Oberfläche zu verbleiben und an den Symptomen herum zu doktern.

Die innere Teamordnung

Im Laufe der Jahre hat sich dabei ein Modell der »inneren Ordnung von Teams« herauskristallisiert, das sich sehr gut eignet, die innere Verfasstheit von Teams zu analysieren, und daher auch von Ihnen genutzt werden kann.

Das Modell basiert auf den Forschungen von Karl Schattenhofer, Oliver König und Cornelia Edding. Edding und Schattenhofer beschreiben in ihrem Buch »Einführung in die Teamarbeit« die innere Ordnung eines Teams (Edding, Schattenhofer 2015a) als Zustand, der zu einem bestimmten Zeitpunkt beobachtet wird. Dieser Zustand wird definiert als »Geschichte« oder Ergebnis eines Entwicklungsprozesses, der durch die folgenden Aspekte geprägt wird:

- die Bewältigung einer gemeinsamen Aufgabe,
- Bemühen um Zufriedenheit des Einzelnen,
- Erhalt des Systems und
- den gemeinsamen Erfahrungen.

Fundament der inneren Teamordnung ist die besondere Art und Weise, in der die Mitglieder eines Teams zusammenarbeiten. Dabei durchläuft ein Team in aller Regel bestimmte Phasen, zu denen auch die Krise und Konflikte als konstituierende Elemente der Teamordnung gehören. Aber Achtung: Diese Ordnung darf nicht verwechselt werden mit dem »inneren Team«, das wir von Friedemann von Schulz von Thun kennen und bei dem es sich um eine Metapher handelt, mit der die Pluralität des menschlichen Innenlebens beschrieben werden soll. Jedes innere Teammitglied steht für einen inneren Aspekt der gesamten menschlichen Persönlichkeit (Schulz von Thun, Stegemann 2012). Die innere Ordnung eines Teams hingegen ist ein Zustand, der sich prozesshaft entwickelt und sich im Rahmen einer narrativen Erzählung festhalten lässt. Sie ist mithin kein statischer Zustand, sondern das Ergebnis eines dynamischen Prozesses.

Wie bereits erwähnt, führen das Zusammenwirken der beteiligten Teammitglieder, das Umfeld, die hierarchischen Bezüge, die bestimmenden Normen und Regeln, die in einem Team dominieren, und vor allem die Spannungen und Konflikte zwischen den Menschen zu einem lebendigen Teamorganismus. Eine Führungspersönlichkeit, die lenkend oder steuernd in den Teamorganismus eingreift, um die Teamperformance zu optimieren, muss sich darüber im Klaren sein, dass ihr Eingreifen die Teamordnung verändert. Ihre Interventionen bewirken eine weitere Dynamisierung, weil ihr Eingriff in die innere Ordnung des Teams natürlich zu Veränderungen führen muss, die auch nicht immer vorhersehbar sind.

In Teams spielen bezüglich der Teamentwicklung gleich mehrere Steuerungselemente eine Rolle (in Anlehnung an Edding, Schattenhofer 2015a):

Kontextsteuerung: Das Zusammenspiel mit der Außenwelt (dem Umfeld) beeinflusst die Teamentwicklung. Veränderungen in der Außenwelt beeinflussen und prägen das Verhalten der Teammitglieder. Aber auch die Interaktionen zwischen den Teammitgliedern sind von Relevanz, insbesondere, weil es jene Interaktionen sind, die zur Entstehung einer kollektiven Intelligenz oder Teamintelligenz führen. Und selbstverständlich kommt es auch im Binnenverhältnis zwischen den Teammitgliedern zu Veränderungen, die Sie als Führungspersönlichkeit berücksichtigen sollten.

Teamleitung: Hier kommen Sie als Führungspersönlichkeit, die in das System eingreift und die innere Teamordnung beeinflusst, ins Spiel.

Selbststeuerung des Teams: Das Team beeinflusst die Zusammenarbeit durch Reflexion und Beschlussfassung über optimierte Handlungsalternativen. In agilen Teams kommt hinzu, dass der Selbststeuerungsgrad des Teams willentlich erhöht, ja geradezu gefordert wird und die Selbstorganisation und Selbstführung des Teams erwünscht ist.

Selbstbild des Teams: Gemeint ist das bewusste oder unbewusste Bild beziehungsweise die Selbstdefinition, die den Handlungen der Teammitglieder zugrunde liegt.

Primat der Konfliktlösung: Die Spannungen und Widersprüchlichkeiten im Teamgefüge sind zentrale Ansatzpunkte, um die Teamperformance zu steigern. Ziel ist die Konfliktbearbeitung, nicht immer unbedingt die Konfliktlösung. Es sind Fälle denkbar, in denen es sinnvoller ist, den Dissens auszuhalten, statt eine Lösung um jeden Preis herbeizuführen.

Inwieweit sind Sie in der Lage, Teamleistungen zu teamisieren?

- Wie werden bei Ihnen im Unternehmen Teamerfolge »gefeiert« und belohnt?
- Gibt es bei Ihnen die Auszeichnung zum Mitarbeiter oder zur Mitarbeiterin (zum Beispiel) des Monats? Oder auch die Auszeichnung zum Team des Monats?
- Welche Schritte werden Sie unternehmen, um in Zukunft Teamerfolge zu teamisieren?

Die Beziehungen zwischen den Menschen im Fokus

Das Modell von der inneren Ordnung des Teams ist sehr komplex. Trotzdem – oder gerade deswegen – kann es zur Analyse der Verfasstheit eines Teams herangezogen werden, um ein möglichst authentisches Teambild zu erhalten. Wichtig ist zudem, dass die Teamprozesse nicht allein von der Aufgabenstellung aus gedacht werden. So gut wie bei allen Faktoren der inneren Teamordnung spielen die menschlichen Aspekte eine Hauptrolle: Es sind Menschen, die die Normen und Regeln festlegen – das gilt sowohl für die formellen auf der Vorderbühne als auch die informellen auf der Hinterbühne. Und es sind Menschen, die jene Normen und Regeln brechen und verändern. Auch die Beziehungen mit- und untereinander sowie die Interaktionen mit dem äußeren Umfeld sind primär »menschengemacht«. Und es sind letztendlich Menschen, die miteinander streiten und Konflikte austragen.

Die Menschenorientierung bei der Analyse der inneren Teamordnung kommt in digital-disruptiven Zeiten oft zu kurz. Dazu ein konkretes Beispiel: Oft versuchen Unternehmen, komplexe Problemlösungen zu erarbeiten, indem sie Teams bilden, die sich aus Teammitgliedern zusammensetzen, die aus möglichst unterschiedlichen Disziplinen stammen. Der Herausforderung einer komplexen Wirklichkeit und einer komplexen Aufgabenstellung wird dadurch Rechnung getragen, dass das Team aus vielfältigen Charakteren mit sehr unterschiedlichen Kompetenzen besteht. Dass dann zuweilen sich widersprechende Meinungen aufeinanderprallen, wird nicht als Störfaktor gesehen, sondern als belebendes Element. Und das ist gut so – auch im Modell der inneren Teamordnung ist ja von belebenden Konflikten die Rede. Auf diese Weise kommt es durchaus zu innovativen Lösungen, weil der Perspektivenreichtum, der durch die Heterogenität und Vielfalt des Teams entsteht, zu neuen Lösungsansätzen führt.

Diese Herangehensweise wird von Andreas Buhr und Florian Feltes anschaulich beschrieben: »Es kommt der berühmten 360-Grad-Kamerafahrt gleich, die der Kameramann Michael Ballhaus (…) entwickelte (…). Wie bei dieser Rundum-Kamerafahrt betrachten wir – durch die Augen der anderen – das Problem von allen Seiten. Ergänzt wird dieser 360-Grad-Blick von der Vogel- und Froschperspektive, also von oben und unten. Von nah und fern. Jedes Mal zeigt sich ein weiterer Aspekt. Mit anderen Worten: Es wird eine komplexe Situation erzeugt. Doch die führt nicht zum Chaos, sondern versetzt uns überhaupt erst in die Lage, Klarheit zu gewinnen. Erst jetzt haben wir ein viel genaueres, realistischeres Bild von der Aufgabe, die vor uns liegt.« (Buhr/Feltes 2018: 233–234)

Allerdings: Buhr und Feltes thematisieren auch einen Nachteil dieses komplexen Prozesses – nämlich die Barrieren und Vorbehalte, die aufgrund der Unterschiedlichkeit der Teammitglieder entstünden und die sich nur schwer überwinden ließen. Dies kann ich aufgrund meiner Erfahrungen bestätigen: Die Heterogenität der Teammitglieder ist oft Segen und Fluch zugleich. Wenn aber in agilen Teams die Aufgabe der raschen Problemlösung im Mittelpunkt steht, droht die Analyse der Beziehungen zwischen den Teammitgliedern zu kurz zu geraten. Wiederum gilt: Die Betrachtung der zwischenmenschlichen Interaktionen gerät zu kurzatmig. Schnelligkeit schlägt Genauigkeit. Um rasch und flexibel auf eine Veränderung reagieren zu können, wird versäumt, die Beziehungen zwischen den heterogenen Persönlichkeiten der Teammitglieder sauber zu analysieren.

Der Anpassungsprozess, der notwendig wäre, um die Veränderung zu bewältigen, gerät ins Stocken, weil zum Beispiel der ungelöste Konflikt zwischen zwei Teammitgliedern nicht erkannt und nicht als belebendes Element identifiziert, sondern vielmehr verdrängt wurde.

Hier hilft das Modell der inneren Teamordnung, das Scheinwerferlicht verstärkt auf die beteiligten Menschen zu richten. Sicherlich verkompliziert die Analyse der Beziehungen den Prozess, ja, er führt oft zu erheblichen Verzögerungen. Das ist natürlich nicht im Sinne der agilen Teamarbeit. Was aber nutzt Schnelligkeit, wenn Teamprozesse verlangsamt werden, weil Barrieren zwischen den Teammitgliedern auf lange Sicht gesehen zu Verzögerungen führen? Wenn ich in Unternehmen die Einführung agiler Teamarbeit begleiten soll, dann aber darauf bestehe, erst einmal eine Supervision oder Mediation durchzuführen, um Blockaden und Barrieren zu beseitigen, ernte ich entsetztes Aufstöhnen. Letztendlich jedoch ist es oft gerade dieser Supervisions- oder Mediationsprozess, der eine agile Teamarbeit überhaupt erst ermöglicht, weil die konfliktären Beziehungen zwischen Teammitgliedern zumindest benannt, wenn nicht sogar geklärt werden konnten.

So ergeben sich für mich zwei Schlussfolgerungen:

- Wer ein funktionierendes Team aufbauen will, das zur agilen Teamarbeit fähig ist, sollte prüfen, ob es nicht hilfreich und förderlich ist, zuvor die innere Ordnung des Teams zu analysieren.
- Teamintelligenz oder kollektive Intelligenz, die durch die Interaktionen zwischen den Teammitgliedern entsteht, lässt sich vor allem dann herbeiführen, wenn Sie die innere Ordnung des Teams kennen, und damit (so gut wie) alle Zusammenhänge und Abhängigkeiten zwischen den Teammitgliedern und Prozessen.

IT führt zu TI

Hinter dieser Formel verbirgt sich der Ansatz, dass sich der Mehrwert der Teamarbeit, also die Teamintelligenz (TI) oder die kollektive Intelligenz, am besten dann aktualisieren lässt, wenn die innere Teamordnung (IT) ständig in das analytische Blickfeld gerückt wird. Dies gilt insbesondere für holokratisch und soziokratisch aufgebaute Teams, bei denen die lenkende und steuernde Funktion eines Teamleiters zurückgefahren wird und der Selbstorganisationsgrad der Teammitglieder steigt. Holokratisch und soziokratisch aufgebaute Teams leiden oft darunter, dass alte Hierarchien aufgelöst werden und plötzlich Normen eine Rolle spielen sollen, die von den Teammitgliedern noch nicht verstanden oder akzeptiert worden sind. Konkret: Während auf der Vorderbühne gefordert wird, sich von klassischen hierarchischen Strukturen wie etwa Anordnungen und Direktiven, die befolgt werden sollen, zu verabschieden, fühlen sich die Teammitglieder auf der informellen Hinterbühne immer noch dem traditionellen Hierarchiedenken verpflichtet. Ein Grund dafür besteht darin, dass sie es nicht gelernt haben, was es heißt, in flacheren Hierarchien zu denken und agieren. Es wurde ihnen ein System übergestülpt, ohne sie darauf vorzubereiten.

So wiederholt sich eine Problematik, unter der Teamarbeit schon immer gelitten hat. In der Schule geht es primär darum, bessere Noten als die Mitschüler zu bekommen, im Berufsleben wird meistens die bessere individuelle Leistung belohnt. Es geht um Wettbewerb, um Verdrängung, um

Einzelinteressen. Auch heutzutage gibt es selten eine Gehaltserhöhung, weil man sich dadurch hervorgetan hat, den Kolleginnen und Kollegen bei der besseren Erledigung ihrer Aufgaben geholfen zu haben. Darum gab es bei der Einführung von Teamarbeit schon immer die Herausforderung, Menschen, die in einer Gesellschaft und Arbeitswelt sozialisiert worden sind, die auf individueller Leistung beruht, zu motivieren, sich für das große Ganze einzusetzen. Wie also gelingt es, dass sich die Menschen, dass sich die Teammitglieder verstärkt für die Teaminteressen engagieren, nicht nur für die eigenen Interessen? Ähnliches gilt für agile Teamarbeit: Sie als Führungspersönlichkeit dürfen sie ihnen nicht oktroyieren und überstülpen, Sie müssen die Menschen damit vertraut machen, sie daran gewöhnen, sie einarbeiten. Und zwar am besten auf der Grundlage einer sauberen Analyse der inneren Teamordnung.

Drei entscheidende Denkanstöße für die Teamführung

Denkanstoß 1: Wer als Führungspersönlichkeit (nicht als Teamleiter!) in die Teamentwicklung eingreifen will, sollte dies stets auf der Grundlage der sauberen Analyse der Teamverfasstheit und der inneren Teamordnung tun.

Denkanstoß 2: Das Ziel dabei ist, die Teamintelligenz zu erhöhen, also die Intelligenz, die nicht aufgrund der einzelnen Leistungen der Teammitglieder, sondern durch die Zusammenarbeit der Menschen entsteht: Teamintelligenz ist eine Funktion des Teamganzen.

Denkanstoß 3: Leistungen, die eine Funktion des Teams sind, müssen teamisiert werden.

Wer die innere Ordnung seines Teams realisiert hat, setzt menschlich-agiles Leadership ein, um die Teamperformance zu optimieren.

Die wichtigsten Felder menschlich-agilen Leaderships

Kapitel-Check

Was Sie in diesem Kapitel erwartet

Sie lernen die wichtigsten Felder menschlich-agilen Leaderships kennen, die bei der Teamarbeit eine dominante Rolle spielen sollten. Dabei steht die Sicht der Mitarbeiter im Mittelpunkt.

Ihr Nutzen

Sie prüfen, welche Aspekte des menschlich-agilen Leaderships in Ihrem Verantwortungsbereich bereits realisiert sind, und legen fest, welche Schritte Sie gehen sollten, um die nächste Leadership-Stufe zu erreichen.

Wie es uns gefällt: Leadership aus der Sicht der Mitarbeiter

Bei der Beantwortung der Frage, was menschlich-agiles Leadership ausmacht und welche Kompetenzen ein menschlich-agiler Leader haben sollte, könnten wir eine lange Liste an Fähigkeiten aufstellen, die zu dem bereits zitierten digitalen »Eier legenden Wollmilchsau-Leader« führen würde, der alle möglichen und unmöglichen Fähigkeiten aufweist. Nach Christoph Lindinger und Nora Zeisel bedeutet Leadership, »Ergebnisse mit Menschen in einem inspirierenden und Sinn stiftenden Umfeld zu erzielen und dabei sich selbst, andere Menschen, Prozesse, den Markt und das Business weiterzuentwickeln« (Lindinger/Zeisel 2013: 4). Es geht darum, mit Leadership die eigene Persönlichkeit, die Mitarbeiter und Teams, die unternehmerischen Abläufe, den Markt und das Business voranzubringen. Der entsprechende Führungsstil basiert vorrangig darauf, situations- und personenorientiert vorzugehen und die Individualität des jeweiligen Menschen zu berücksichtigen, ohne die Ziele des Unternehmens aus den Augen zu verlieren. Leadership will und muss einen Beitrag leisten zur Erreichung der Unternehmensziele, wobei den Mitarbeitern zugetraut – und dies von ihnen auch erwartet – wird, sich eigenverantwortlich in die unternehmerischen Prozesse einzubringen. Der Leader passt sich den Rahmenbedingungen, den Bedürfnissen und der jeweiligen Persönlichkeitsstruktur der Mitarbeiter, den Arbeitsaufgaben und den Eigenheiten der Teams an, was aufseiten der Mitarbeiter meistens ein höheres Engagement, eine zunehmende Initiative und einen gesteigerten Identifikationsgrad mit dem Unternehmen nach sich zieht (vgl. Lindinger/Zeisel 2013: 1–22).

All dies kommt dem, was ich unter einem am Menschen orientierten Leadership verstehe, sehr nah. In digitalen Leadership-4.0-Zeiten jedoch erweitert sich das Kompetenzportfolio erheblich. Führen in der digitalen Welt erfordert ein digitales Mindset und die Beherrschung zahlreicher weiterer technologischer Fähigkeiten und Methoden. Denken wir nur an die Kompetenz, Mitarbeiter durch die professionelle Nutzung der elektroni-

schen Medien miteinander zu vernetzen – das heißt dann Social Collabo-
ration – und mit ihnen mithilfe der modernen Medien zu kommunizieren.
Doch statt nun eine Kompetenzliste der digitalen »Eier legenden Wollmilchsau-Leader« zu erstellen, möchte ich einen anderen Weg einschlagen.

Die Arbeitszufriedenheit der Mitarbeiter als Maßstab

Gemäß dem Motto dieses Buches, stets den Menschen, den Mitarbeiter in
den Fokus zu rücken, ist es zielführend, bei der Beantwortung der Frage
nach dem Kern des menschlich-agilen Leaderships konsequent die Mit-
arbeiterbrille aufzusetzen. Wenn wir von der Voraussetzung ausgehen,
dass Menschen mehr leisten können und wollen, wenn sie zufrieden sind,
mithin die Arbeitszufriedenheit hoch ist, sollte menschlich-agiles Leadership darauf abheben, primär einen Beitrag zu dieser Arbeitszufriedenheit
zu leisten. Ein Blick in entsprechende Umfragen zeigt, dass dabei immer
wieder Aspekte wie »Hoher Wohlfühlfaktor«, »Wertschätzung der eigenen
Arbeit«, »Gutes Verhältnis zu den Kollegen und den Vorgesetzten« und
»Unterstützung der persönlichen Weiterentwicklung durch die Führungskräfte« ganz weit oben stehen.

Ein Beispiel ist die Befragung *Arbeitsmotivation 2018* der ManpowerGroup
Deutschland, die bei einer »bevölkerungsrepräsentativen« Befragung von
1.022 Bundesbürgern zu den zentralen Ergebnissen gelangt, dass eine »an-
genehme und kollegiale Arbeitsatmosphäre sowie flexible Arbeitszeiten«
die Arbeitsmotivation am meisten verstärkt und einer Mehrheit ein »inhaltlich spannender Job in einem netten Team« wichtiger ist als Geld. Auf
dem Gewinnertreppchen stehen die drei folgenden Aspekte (*www.manpo-
wergroup.de/neuigkeiten/studien-und-research/studie-arbeitsmotivation*):

- Gutes Arbeitsverhältnis zu Kollegen und Vorgesetzten
- Flexible Arbeitszeiten, also zum Beispiel Gleitzeit oder ein Arbeitszeit-
konto
- Gutes Verhältnis zu Kollegen, auch über die Arbeit hinaus

Ein weiterer Beleg ist die weltweite Befragung bei über 366.000 Personen, die federführend von der Unternehmensberatung Boston Consulting Group durchgeführt wurde (Boston Consulting Group 2018). Demnach sind die zehn wichtigsten Jobfaktoren für Berufstätige in Deutschland:

Jobfaktor **1**	Wertschätzung der eigenen Arbeit
Jobfaktor **2**	Gutes Verhältnis zu Kollegen
Jobfaktor **3**	Interessante Arbeitsinhalte
Jobfaktor **4**	Gute Work-Life-Balance
Jobfaktor **5**	Gutes Verhältnis zu Vorgesetzten
Jobfaktor **6**	Gehalt
Jobfaktor **7**	Wunsch nach Herausforderung
Jobfaktor **8**	Möglichkeit, etwas zu bewirken
Jobfaktor **9**	Weiterbildung und Trainingsangebot
Jobfaktor **10**	Karrieremöglichkeiten

Die Sprachlosigkeit der Führungskräfte

Als letzter Beleg ist das Markt- und Meinungsforschungsinstitut Gallup (www.gallup.de) zu nennen, das jedes Jahr seinen *Engagement Index* erhebt und feststellt, wie es um die emotionale Bindung deutscher Arbeitnehmer an ihr Unternehmen und ihren jeweiligen Arbeitgeber bestellt ist. Die Zahlen erschrecken jedes Jahr aufs Neue: Viele Mitarbeiter befinden sich in der inneren Kündigung und leisten nur noch Dienst nach Vorschrift. Hauptverantwortlich dafür sind laut Gallup erhebliche Defizite in der Personalführung.

Mitarbeiter fliehen gerne in die innere Kündigung, wenn sich niemand für sie als Menschen interessiert. Zu wenig Anerkennung und Lob, zu wenig Aufmerksamkeit, zu wenig Feedback, zu wenig Beteiligung und Einbindung etwa bei Entscheidungsprozessen – das sind die Faktoren, die zu der niedrigen emotionalen Bindung führen.

Marco Nink, Senior Practice Consultant bei Gallup, hat im Rahmen der Veröffentlichung des Engagement Index 2016 festgestellt: »Faktoren wie Arbeitsplatzsicherheit, Entlohnung, Sozialleistungen, flexible Arbeitszeit oder die Zahl der Urlaubstage sind für Mitarbeiter zwar durchaus wichtig, auf deren emotionale Bindung haben sie jedoch kaum Einfluss. So ist beispielsweise die Möglichkeit, das zu tun, was man richtig gut kann, fünfmal wichtiger als das Gehalt. Entscheidend sind außerdem Dinge wie Führungsqualität, eine herausfordernde, abwechslungsreiche und als sinnvoll empfundene Tätigkeit und die Kollegen. Emotionale Bindung wird im direkten Arbeitsumfeld erzeugt und der direkte Vorgesetzte ist dabei das A und O.«

Laut *Engagement Index 2016* lässt dabei vor allem die Dialogfähigkeit der Führungskräfte zu wünschen übrig. Um es auf den traurigen Punkt zu bringen: Die Führungskräfte kommunizieren viel zu selten mit ihren Mitarbeitern, eigentlich eine unglaubliche Feststellung. Ein kontinuierlicher Austausch mit der unmittelbaren Führungskraft über das Jahr hinweg scheint kaum stattzufinden. Marco Nink führt dazu aus: »Dieses Ergebnis stellt Führungskräften ein schlechtes Zeugnis aus. Es ist die Aufgabe einer Führungskraft, die individuellen Leistungspotenziale der Mitarbeiter freizusetzen und zur Entwicklung des Einzelnen beizutragen. Es gilt herauszufinden, was ein Mitarbeiter gut kann und mag und wie er dementsprechend eingesetzt werden kann – dies lässt sich am besten im Gespräch herausfinden.«

In disruptiven Zeiten intensive Beziehung zu Mitarbeitern aufbauen

ManpowerGroup, Boston Consulting Group, Gallup: Aus diesen Untersuchungsergebnissen sollen die wichtigsten Felder abgeleitet werden, aus denen sich aus Sicht der Teammitglieder, mithin aus der Perspektive der Menschen, um die es bei der Teamarbeit und Teamführung geht, ein menschlich-agiles Leadership zusammensetzen sollte. Die ausgewählten Felder sind freilich subjektiv, da sie sich nicht nur auf die genannten Untersuchungen beziehen, sondern überdies in einem unmittelbaren Zusammenhang mit meinen persönlichen Erfahrungen stehen, wie sich Menschlichkeit und Agilität verknüpfen lassen, um die Teamperformance zu erhöhen. Existenziell sind die folgenden Felder:

Feld **1**	den Mitarbeitern vertrauen
Feld **2**	die Mitarbeiter in ihrem Alltag begleiten
Feld **3**	die Teamleistungen wertschätzen
Feld **4**	die Widerstandskräfte der Mitarbeiter stärken
Feld **5**	Sinn stiften durch einen höheren Zweck
Feld **6**	die Persönlichkeit der Mitarbeiter entwickeln
Feld **7**	Und: den Mitarbeitern Zeit schenken

Wenn ich diese Punkte Revue passieren lasse, spiegeln sich in ihnen einige Aspekte wider, die einst mein Judotrainer – ich möchte ihn eigentlich eher als Judolehrer bezeichnen, weil es ihm neben unserer sportlichen Entwicklung auch immer um unsere Entwicklung als Person gegangen ist – zur Grundlage seiner Teamführung gemacht hatte und die auch ich in meiner aktiven Zeit als Judotrainer beherzigt habe. Als ich mich einst in jungen Jahren in einer Krise befand, die durchaus auch mit den sowieso schwierigen Jahren der Pubertät zusammenhing und mich an dem Sinn der täglichen Trainingsqual auf der Judomatte zweifeln und verzweifeln ließ, verlor mein Judolehrer nicht den Glauben an mich. Er sprach mit den damals wichtigsten Personen in meinem Umfeld – das waren neben meinen Eltern mein Bruder, der ja auch selbst als Judoka unterwegs war. Mein Trainer suchte mich des Öfteren privat auf und hat mir in zahlreichen intensiven Gesprächen den Spaß am Judosport zurückgegeben, auch indem er mir verdeutlichen konnte, dass mein Team mich damals brauchte und auf mich angewiesen war: »Christian, wenn du es nicht für dich tust, dann für deine Freunde, die dich brauchen.« Ähnlich verhielt sich mein Judolehrer, als ich – wie bereits kurz angesprochen – in den 1990er-Jahren meinen Kampfstil anpassen und verändern musste. Er hat mir im vertrauensvollen Gespräch deutlich gemacht, dass es neben dem Kampfsport darum geht, sich weiterzuentwickeln und sich für die Herausforderungen des Lebens zu wappnen. Auf jeden Fall ist es ihm durch die Zeit und Zuwendung, die er mir in den Gesprächen geschenkt hat, gelungen, mich dazu zu bewegen, mich wieder mit der notwendigen Hingabe und Leidenschaft dem Judosport zu widmen.

Feld 1: Loslassen und Mitarbeitern vertrauen können

Es geht weniger darum, Komplexität zu beherrschen und zu bändigen, sondern vielmehr darum, den Mut zu haben, die Mitarbeiter »einfach mal machen zu lassen«. Damit ist nicht gemeint, die Mitarbeiter sich selbst zu überlassen. Aber in einer Zeit, in der Führungskräfte keinen natürlichen Wissensvorsprung gegenüber Mitarbeitern mehr haben und die Wahrheiten von heute oft schon morgen, spätestens jedoch übermorgen nicht mehr gelten, ist es notwendig, dem »Experten Mitarbeiter« zu vertrauen und ihm Entscheidungsfreiräume und Entscheidungsspielräume zu lassen.

Vertrauen ist eine der Schlüsselwährungen im Digital Leadership. Dazu ist ein Menschenbild Voraussetzung, bei dem im Mitarbeiter nicht jemand gesehen wird, der »zu seinem Glück gezwungen« werden muss und Anleitung und Anweisungen braucht. Sicherlich gibt es – wie bereits angesprochen

– Situationen und Mitarbeiter mit geringem Reifegrad, bei denen mehr Führung und Kontrolle notwendig sind. Und nicht jeder ist in jeder Situation im Unternehmensalltag zur Selbstorganisation fähig. Das ändert aber nichts an der Notwendigkeit eines grundsätzlich menschenfreundlichen Bildes vom Mitarbeiter, dem die Führungspersönlichkeit wahrhaftig zutraut, sich eigenverantwortlich, initiativ und unter Wahrnehmung von Handlungsspielräumen für die Erreichung der Unternehmensziele zu engagieren. Und zwar ohne Druck, ohne Zwang, aber mit dem Vertrauen und dem Zutrauen, der Mitarbeiter werde sein Bestes geben, wenn ihm die Führungspersönlichkeit die Hindernisse aus dem Weg räumt, die ihn daran hindern könnten.

Das ist für mich der Kern wahrer Wertschätzung, bei der nicht die »Ware Wertschätzung« eingesetzt wird, um einen Gegenwert in Form von Mitarbeiterleistungen erhalten, sondern bei der dem Menschen ein Vertrauensvorschuss gezahlt wird.

Wer das für naiv hält, sollte sich als Führungskraft selbstkritisch fragen, worin die Hauptgründe für Mitarbeiterkündigungen liegen: eher im Ärger über den Vorgesetzten und unzureichende Anerkennung oder im Wunsch nach mehr Geld?

Weniger Beaufsichtigung und Anleitung, mehr Inspiration und Coaching, weniger Befehlskultur, mehr unterstützende Wertschätzung und Vertrauen in die intrinsische Motivation und in die Kompetenzen des Mitarbeiters, auch um dessen Persönlichkeit zu entwickeln und nicht nur um seine beruflichen Fachkompetenzen auszubauen – das ist für mich die Grundlage und Essenz des menschlich-agilen Leaderships.

»Wie entsteht ein Diamant? Druck, Druck, Druck. Und ein Brillant? Schleifen, Schleifen, Schleifen« – dieses Führungsmotto wird dem als knallharter Sanierer berühmt und berüchtigt gewordenen Karl-Josef »Kajo« Neukirchen nachgesagt. Ob Neukirchen dies tatsächlich so ausgedrückt hat, soll dahingestellt bleiben. Entscheidend ist: Dieses Führungsmotto drückt genau das Gegenteil dessen aus, was das Fundament menschlich-agilen Leaderships ist: »Welchen Beitrag kann ich als Führungspersönlichkeit leisten, damit ein Mitarbeiter und ein Teammitglied exzellent arbeitet? Vertrauen, Vertrauen, Vertrauen. Und damit er sich für Unternehmen und Team einsetzt? Wertschätzung, Wertschätzung, Wertschätzung.«

Feld 2: Mitarbeiter täglich begleiten und ihnen zuhören

Wer die eingangs genannten Untersuchungen liest, wundert sich, dass Führung oftmals an elementaren Dingen scheitert. Die Führungskräfte hören ihren Mitarbeitern nicht zu, ja, sie kommunizieren viel zu selten und zu wenig mit ihnen. Um es pointiert auf die Spitze zu treiben:

- Während Managementvordenker Idealvorstellungen eines digitalen Leaderships entwickeln, bei denen der Digital Leader flexibel, gelassen, transparent und offen agiert und soziokratische oder holokratische Teamkonzepte verwirklicht, die auf der Fähigkeit zur Selbstorganisation und Autonomie der Teammitglieder basieren …
- … sind Vorgesetzte anscheinend oft noch nicht einmal in der Lage, sich die Zeit zu nehmen, mit den Mitarbeitern schlicht und einfach zu reden!

Darum dürfen auch in der digitalen Arbeitswelt gewisse Selbstverständlichkeiten nicht aus den Augen verloren werden. Führungspersönlichkeiten sollten so viel Zeit wie möglich mit den Menschen verbringen, die ihrer Führung anvertraut worden sind. Sie sollten mit ihnen kommunizieren, sie müssen Menschen mögen, sie sollten bereit sein, ihnen zuzuhören und ihnen Fragen zu stellen, um zu erfahren, was sie tief in ihrem Inneren bewegt. Nur so ist es meiner Erfahrung nach möglich, sie bei der Entwicklung und Entfaltung ihrer Begabungen, Potenziale und Talente zu unterstützen.

Agiles Führen sollte bei aller Schwerpunktsetzung auf den Einsatz digitaler Medien und Arbeitsformen nie außer Acht lassen, was Führung im Kern bedeutet: nämlich Mitarbeiter dazu zu bewegen, ihre Kreativität und Innovationskraft am Arbeitsplatz so zu aktualisieren, dass die Menschen sich dort wohlfühlen und zugleich einen substanziellen Beitrag zur Erreichung vereinbarter Ziele zu leisten. Menschlich-agiles Leadership meint die Alltagsbegleitung des Mitarbeiters in seinem Verantwortungsbereich, bei der ihm in seinem konkreten Arbeitsumfeld Hilfestellung angeboten wird.

Das entsprechende Führungskonzept dazu heißt Alltagscoaching. Der Chef bietet dem Mitarbeiter an, ihn bei der Bewältigung von Alltagssituationen zu begleiten und zu unterstützen. Damit ist gemeint, dass die Führungspersönlichkeit den Mitarbeitern – oder den Teammitgliedern – so oft wie möglich zur Verfügung steht, um mit ihnen Fragen zu klären. Die tägliche Begleitung erfolgt mit der Zielsetzung, den Mitarbeiter zu einem immer selbstständigeren Arbeiten zu verhelfen. Irgendwann lässt die Führungspersönlichkeit los – siehe Feld 1 – und entlässt ihn in die selbst erworbene Mündigkeit und Selbstständigkeit. Alltagscoaching soll die Mitarbeiter befähigen, Problemlösungen eigenständig zu erarbeiten. Es ist ein wichtiges Instrument auf dem Weg zur agilen Teamarbeit.

Entscheidend ist, dass der Mitarbeiter selbst entscheiden kann, ob er dieses Angebot annehmen will oder nicht. Denn auch beim Alltagscoaching gilt: Die meisten Angebote durch die Führungspersönlichkeit ergeben vor allem dann Sinn, wenn der Mitarbeiter die Freiheit hat, sie freiwillig zu wählen – oder auch nicht. Weil jeder Mitarbeiter anders tickt und über eine einzigartige Persönlichkeit verfügt, kann es sein, dass das Angebot des Alltagscoachings von dem einen Mitarbeiter als Gängelei empfunden wird und auf Ablehnung stößt, während es der andere als konstruktives Unterstützungsangebot willkommen heißt.

Menschlich-agiles Leadership geht von der Prämisse aus, dass es nie eine Lösung gibt, die für alle passt. Jedes Lösungsangebot muss auf die Persönlichkeit und die Bedürfnisse des einzelnen Menschen angepasst und von ihm angenommen werden.

Feld 3: Erfolge und Misserfolge teamisieren

Menschlich-agiles Leadership nach meinem Verständnis zieht die Konsequenzen aus dem, was ich im dritten Baustein als Teamisierung vorgestellt habe. Teamleistungen müssen als das anerkannt werden, was sie sind: Leistungen, die nur aufgrund des gelungenen Versuches zustande gekommen sind, dass sie von der Gruppe, von der Gemeinschaft erbracht werden. Die Teammitglieder können die Teaminteressen über die Einzelinteressen stellen, weil sie sich nicht nur, aber auch, über die Beziehungen zu anderen Menschen definieren. Der Mensch ist nicht nur ein Individuum, sondern auch ein soziales Wesen. Es geht ihm um sein persönliches Vorankommen, zugleich aber um die Befindlichkeit seiner Mitmenschen. Leider macht er sich das viel zu selten bewusst.

Es gibt zahlreiche Umfragen und Studien, in denen erforscht wird, was Menschen in ihrem Leben bereuen. Besondere Aussagekraft gewinnen solche Aussagen dann, wenn sie von todkranken Menschen getätigt werden, die oft zu bedingungsloser Ehrlichkeit tendieren. Die Palliativpflegerin Bronnie Ware hat Sterbende dazu befragt und deren bewegende Antworten in dem Buch »The Top Five Regrets of the Dying« zusammengefasst (Ware 2012). Unter den fünf Dingen, die Sterbende am meisten bereuen, befindet sich die Aussage, man bedauere, den Kontakt zu Freunden nicht gehalten und andere Menschen vernachlässigt zu haben. Es schmerzt die Menschen, wenn sie ihren sozialen Verpflichtungen gegenüber ihren Mitmenschen nicht nachkommen.

Wir Menschen sind Ego-Wesen und als solche auf unseren Vorteil bedacht. Zugleich jedoch sind wir Sozio-Wesen und darauf angewiesen, soziale Anerkennung zu erhalten. Wir wollen uns für andere Menschen einsetzen. Ein komplexes Thema: Das Narrativ des Individualismus und das Narrativ des Gemeinschaftssinns – beides ist existent und muss bei der Führung Beachtung finden. Menschen wollen ihre eigenen Ziele erreichen, sich jedoch zugleich für die Gemeinschaft und die Gesellschaft – das Team – einsetzen und wissen, dass sie dazugehören. Konkret:

Wenn sich die Jobzufriedenheit zu einem Großteil aus der Wertschätzung der eigenen Arbeit speist, sollte die Führungspersönlichkeit bei der Teamführung mit Instrumenten und Methoden arbeiten, die den Ergebnissen der Teamarbeit Anerkennung zollen.

Bei der Teamführung rückt im Rahmen eines menschlich-agilen Leaderships beides in den Fokus: die Interessen der Einzelpersonen und das Gemeinsame der Menschen, das sich in der Ausbildung eines Wirgefühls zum Ausdruck bringt. Nach Bernd-Wolfgang Lubbers ist es ein entscheidendes Merkmal der TeamIntelligenz, dass ein intelligentes Team weiß, »dass es stets dem nächsthöheren Ganzen verpflichtet ist und diesem zu dienen hat, etwa dem Kunden oder dem Unternehmen. Es steht in der Verantwortung, durch seine Arbeit dazu beizutragen, dass die Unternehmensziele erreicht werden, und fragt sich darum nicht nur, was das Unternehmen und das Management tun können, um dem Team die Arbeit zu erleichtern und die Rahmenbedingungen zu schaffen, die ihm ein effektives und effizientes Vorgehen ermöglichen. Das intelligente Team fragt sich gleichzeitig:

›Was können wir tun, um dem Unternehmen zu dienen und zum Gesamt-erfolg beizutragen?‹« (Lubbers 2005: 32)

Der Führungspersönlichkeit sollte es gelingen, dass jedes Teammitglied davon beseelt ist, sich für den Teamerfolg zu engagieren. Ziel ist, dass sich das Teammitglied im Sinne des »nächsthöheren Ganzen« einsetzt und die eigenen egoistischen Ziele auch einmal hintanstellt. Es fragt sich also: »Was kann ich für das Team tun?«, und nicht – oder nicht nur: »Was kann ich für mich aus dem Team herausholen?« Die Führungspersönlichkeit fördert diese Einstellung, indem sie wo immer möglich hervorhebt, dass exzellente Ergebnisse und Erfolge nur erreicht werden konnten, weil die Teammitglieder hervorragend zusammengearbeitet haben. Natürlich – die individuellen Erfolge sollen nach wie vor belobigt werden. Aber eben auch die Leistungen, die einzig und allein mithilfe der kollektiven Intelligenz des Teams erfolgt sind.

Ähnliches gilt für die nicht erreichten Resultate, bei denen keiner Einzel-person die Schuld gegeben, sondern danach gefragt wird, was im Team-gefüge geändert werden muss, damit sich ein Fehler nicht wiederholt. Ein Fehler ist immer ein Anlass, nach Verbesserungsmöglichkeiten im Team zu suchen.

Damit dies gelingt, ist ein Umdenken erforderlich, das sich nicht allein auf die Team- und Unternehmensführung bezieht, sondern auf die gesamte Gesellschaft, in der immer noch der Individualismus vorherrscht und Erfolge, aber auch Misserfolge zumeist einer Einzelperson zugeschrieben werden. Um ein Beispiel aus dem Sport zu bringen: Solange es immer nur Torjägerlisten gibt, in denen die torhungrigsten Einzelspieler aufgeführt werden, wird es schwierig sein, Erfolge (und Misserfolge) zu teamisieren. Eine Veränderung kann es geben, wenn zum Beispiel Teamlisten mit den-jenigen Mannschaften erstellt werden, die Tore mithilfe der schönsten und genialsten Spielzüge erzielt haben, die im Team erbracht wurden.

Trotzdem: Jede Führungspersönlichkeit sollte alle Möglichkeiten nutzen, in ihrem Verantwortungsbereich die Teamisierung zu leisten, und herausstreichen, dass die tollen Ergebnisse das Resultat exzellenter Teamarbeit sind!

Dazu sei nochmals Bernd-Wolfgang Lubbers zitiert: »Die Teammitglieder in einem intelligenten Team handeln quasi paradox. Sie sind sich ihrer eigenen, ganz egoistischen Bedürfnisse, Wünsche und Interessen nicht nur bewusst – sie äußern sie auch und kämpfen leidenschaftlich darum, dass sie gehört und beachtet werden. Gleichzeitig aber haben sie die Ego-Brille abgelegt und sind in der Lage, die standpunktverhaftete Ich-Perspektive zu verlassen. Sie sind fähig, sich in den anderen Menschen hineinzuversetzen und zu fragen, was sie für das Team leisten können.« (Lubbers 2005: 69)

Menschlich-agiles Leadership hat zum Ziel, dass Menschen ihre egoistischen und opportunistischen Bestrebungen einem gemeinsamen Zweck unterordnen, ohne auf sie zu verzichten – es geht um ein Sowohl-als-auch.

Feld 4: Auf die Gesundheit achten und Widerstandskräfte stärken

Gesunderhaltung – dass dieser Aspekt eine Rolle beim menschlich-agilen Leadership spielen soll, mag zunächst überraschen. Aber ein Führungskonzept, das einen ganzheitlichen Anspruch erhebt und Mitarbeiter in ihrer Totalität in den Blick nehmen möchte, muss sich daran messen lassen, ob es dazu beiträgt, den Mitarbeiter vor Über- und auch Unterforderung zu schützen. Gelingt es, ein gesundheitsgerechtes Arbeits- und Betriebsklima zu schaffen, das zur Senkung der Fehlzeiten und der Krankenstände führt? Die Vermeidung von negativem Stress gehört ebenso dazu wie eine achtsame und wertschätzende Zuwendung, die die individuelle Work-Life-Balance berücksichtigt.

Menschlich-agiles Leadership hat die physische und psychische Unversehrtheit der Mitarbeiter zum Ziel.

Dass es auch hier keine 08/15-Rezepte und Lösungen für alle gibt, zeigt die Diskussion um flexible Arbeitszeiten und Arbeitsorte. Agiles Arbeiten soll ein Höchstmaß an Flexibilität erlauben. Darum wird zum Beispiel die Arbeit im Homeoffice als eine angemessene agile Arbeitsform gepriesen. Zugleich steigt für Arbeiter im Homeoffice der Druck, ständig verfügbar zu sein und sich auch am Wochenende und im Urlaub »mal schnell« an den Computer zu setzen und eine dringende Anfrage des Chefs zu beantworten. Großraumbüros wiederum erlauben die so wichtigen sozialen Kontakte, die im Homeoffice zuweilen zu kurz kommen. Was also ist die beste Lösung? Beide Arbeitsorte haben ihre Vor- und Nachteile, die von verschiedenen Menschen zudem auch noch unterschiedlich bewertet werden. Der eine liebt die Freiheit und Zeitsouveränität, die durch das Homeoffice ermöglicht werden, der andere kommt mit eben jener Freiheit nicht zurecht. Und ob jemand die besten Ideen hat, wenn er seine Arbeitszeit eigenverantwortlich einteilen kann, oder sich über die größten Kreativitätsschübe bei einem Achtstunden-Job von 9 bis 17 Uhr freuen darf, ist gleichfalls eine höchst individuelle Angelegenheit. Wichtig für die Arbeitsmotivation scheint immer zu sein, dass die Menschen einen möglichst großen Einfluss auf die Wahl ihres Arbeitsortes und ihre Arbeitszeit haben und die entsprechenden Entscheidungen über die Wahl von Zeit und Raum selbst treffen können.

Allerdings ist es schwierig, es jedem Mitarbeiter nach dem Motto »Jedem Tierchen sein Pläsierchen« recht zu machen. Unternehmen stoßen an Grenzen, wenn sie jedem Mitarbeiter das »mundgerechte« Arbeiten ermöglichen wollen, so wünschenswert dies wäre. Was sie aber aus meiner Sicht auf jeden Fall leisten sollten:

> *Im Rahmen eines menschlich-agilen Leaderships wird ein achtsames Resilienzmanagement aufgezogen, bei dem die Stärkung der Widerstandskräfte der Mitarbeiter in den Fokus rücken.*

Indem die Führungspersönlichkeit den Glauben des Mitarbeiters an seine Stärken und sich selbst stärkt, es ihm zutraut, Verantwortung zu übernehmen und eigenständig Problemlösungen zu finden und die Selbstwirksamkeitskompetenz erhöht, sorgt sie dafür, dass er auch dann, wenn die Arbeitsbedingungen aus seiner Sicht nicht optimal sind, mit der schwierigen Situation klarkommt. Die Führungspersönlichkeit sollte den Mitarbeiter dabei unterstützen, innere Stabilität aufzubauen, sich auf die anstehenden Aufgaben konzentrieren und fokussieren zu können. Mitarbeitern, die auf diese Art und Weise Unterstützung erfahren, macht eine höhere Arbeitsbelastung oft weniger aus. Ich habe die Erfahrung gemacht, dass eine höhere Arbeitsbelastung durch wertschätzende Führung mehr als ausgeglichen wird. Stark belastete Menschen hingegen, die in einem Klima der Geringschätzung arbeiten müssen, tendieren eher dazu zu erkranken.

Führungspersönlichkeiten achten darauf, ob Mitarbeiter Symptome einer Überlastung oder Unzufriedenheit zeigen, um früh- und rechtzeitig eingreifen zu können. In Anlehnung an die eingangs erwähnten Jobfaktoren, die den Zufriedenheitsgrad beeinflussen, sollten sie dafür Sorge tragen, dass:

- die Arbeit der Mitarbeiter wo immer möglich glaubwürdig wertgeschätzt wird,

- in einem sonnigen Betriebsklima zwischen den Mitarbeitern ein konstruktives und auf gegenseitigen Respekt gegründetes Verhältnis entstehen kann,
- sich die Mitarbeiter mit Arbeitsinhalten beschäftigen, die zu ihren Kompetenzen passen und darum interessant für sie sind,
- die Mitarbeiter zu einer Work-Life-Balance finden, die zu ihnen passt, und
- zwischen den Mitarbeitern und den jeweiligen Führungskräften eine Beziehung aufgebaut werden kann, die für die Mitarbeiterleistungen förderlich ist.

Feld 5: Sinnstiftung durch das nächsthöhere Ganze

Wer Leistung fordert, muss Sinn bieten, und das sehr konkret. Leadership ohne sinnstiftende Momente und ohne die Haltung der Führungspersönlichkeit, dem Mitarbeiter die Sinnhaftigkeit und Zweckhaftigkeit seiner Arbeit zu verdeutlichen, ist nicht denkbar. Das gilt erst recht für den Digital Leader, der von seinen Mitarbeitern im Zusammenhang mit den neuen digitalen und agilen Herausforderungen ganz neue Leistungen verlangt und fordert.

Die sinnstiftende Haltung drückt sich dadurch aus, dass die Führungspersönlichkeit im Gespräch mit den Mitarbeitern die Frage thematisiert, welchem Zweck das Geleistete überhaupt dient. In diesem Kontext spielt der bereits erwähnte Begriff des nächsthöheren Ganzen eine gewichtige Rolle. Die Arbeit des Einzelnen erfolgt nicht um ihrer selbst willen, sondern steht im Dienst des Teams, des nächsthöheren Ganzen. Die Arbeit des Teams wiederum dient gleichfalls einem Ziel und Zweck – der Abteilung, dem Unternehmensbereich, dem Unternehmen, dem Kunden, schließlich der Gesellschaft. Es gibt immer ein nächsthöheres Ganzes, wie bei einer Zwiebel, bei der Schale auf Schale folgt.

Zweifelsohne stellt sich die Frage nach dem Sinn in unsicheren und unübersichtlichen VUKA-Zeiten mehr denn je. Der Grund: Die Menschen suchen verstärkt nach Werten, die Stabilität und Orientierung versprechen. Hinzu kommt, dass gerade jüngere Mitarbeiter immer seltener die Arbeit als einen Wert an sich interpretieren, sondern vielmehr Wert auf Sinnstiftung legen und konsequent, hartnäckig und konkret nach dem höheren Sinn und Zweck dessen fragen, was ein Unternehmen macht. Zudem möchten sie wissen, in welchem Sinnkontext sich die eigene Tätigkeit bewegt.

> *Menschlich-agile Führungspersönlichkeiten sehen es als ihre Pflicht und Verantwortung an, auf die Fragen der Sinn suchenden Mitarbeiter Antworten zu geben oder sich zumindest der Frage zu stellen.*

Der amerikanische Psychologe Martin Seligman (Seligman 2015) zeigt mit seinem PERMA-Modell, dass und warum Aspekte wie Sinnstiftung und Wertschätzung einen wertvollen und gesundheitsförderlichen Beitrag leisten. Seligman beschreibt mit dem Akronym PERMA fünf Faktoren, die zur Zufriedenheit nicht nur im beruflichen Kontext, sondern auch allgemein beitragen. Dabei steht

P	für Positive Emotions (positive Emotionen)
E	für Engagement,
R	für Relationships, mithin positive Beziehungen
M	für Meaning, also Sinn, und
A	für Accomplishments, gemeint sind Leistungen und die Erreichung von Zielen.

Besonders interessant für unseren Zusammenhang ist das M, der Sinn, bei dem es darum geht, ob wir in der Lage sind, in dem, was wir tun, einen höheren oder transzendentalen Zweck zu erkennen, der über unsere eigentliche Aufgabe und uns selbst hinausweist. Profaner ausgedrückt geht es um die Frage, was uns jeden Morgen aus dem Bett und zur Arbeit treibt. Aus meiner Sicht wird eine Arbeit oder Tätigkeit umso sinnstiftender und befriedigender erlebt, je mehr es möglich ist, darin einen Nutzen für andere Menschen zu sehen – für den Kunden, für die Kollegen, für das Team, für das Unternehmen, für die Gesellschaft, ja, für die Menschheit an sich. Letztendlich geht es um das, was die Geschichte vom Kathedralenbau meint, die es in mehreren Varianten gibt – mir gefällt die folgende am besten:

»Beim Bau einer mittelalterlichen Kathedrale beobachtete ein durchreisender Kaufmann drei Steinmetze bei ihrer schweren Arbeit. ›Was machst du da?‹, fragte er den ersten der Handwerker. ›Das siehst du doch, ich schufte mich zu Tode‹, antwortete dieser mit einem mürrischen Gesicht. Da fragte der Kaufmann den zweiten: ›Und was machst du da?‹ ›Ich verdiene das Geld für mich und meine Familie‹, antwortete der schon etwas freundlicher. Schließlich fragte der Kaufmann den dritten Steinmetz. Der schaute ihn aus einem schweißüberströmten Gesicht, aber mit leuchtenden Augen an und meinte: ›Ich? Ich baue eine Kathedrale!‹«

Der Kulturanthropologe und Unternehmensberater Simon Sinek (Sinek 2019, Sinek 2014) beschäftigt sich intensiv mit der Frage nach dem Warum und fordert von Unternehmen, aber auch von Einzelpersonen, sich mit der handlungsanleitenden Frage nach dem Warum auseinanderzusetzen. »Warum tun wir das, was wir tun?« Dabei darf es nicht bleiben – die Antwort oder die Antworten auf die Warum-Frage müssen in konkrete Handlungen, Aktivitäten und Maßnahmen übersetzt werden, die der Umsetzung dienen. Entscheidend jedoch ist, zunächst einmal die Frage nach dem Warum zu stellen, zu diskutieren und zu beantworten.

Sineks *Finde Dein Warum* und *Frage immer erst nach dem Warum* sollte eine Führungspersönlichkeit dafür sensibilisieren, die Frage nach dem Sinn oder dem Warum für sich selbst und überdies für jeden Mitarbeiter und das Team zu diskutieren und zu beantworten. Das Team muss wissen, wofür es seine Leistungen erbringt, es muss wissen, wie sich die Teamarbeit in das Unternehmensganze einfügt und welchen Beitrag das Team für das Unternehmen insgesamt leistet. Sinek betont: »Wenn das WARUM einer Organisation klar definiert ist, dann kann jeder innerhalb der Organisation Entscheidungen treffen, die genauso klar und richtig sind wie die Entscheidungen des Gründers. Das WARUM stellt den richtigen Filter für den Entscheidungsprozess zur Verfügung« (Sinek 2014: 156).

Aus der Warum-Antwort des Unternehmens lässt sich dann auch die Warum-Antwort bezüglich jedes einzelnen Arbeitsplatzes und jedes einzelnen Mitarbeiters ableiten.

Negativ ausgedrückt: Ohne eindeutige Warum-Antwort des Unternehmens lässt sich die Frage nach dem sinnstiftenden Warum für die Tätigkeit eines Mitarbeiters oder Teams nicht klären.

Führungspersönlichkeiten achten dabei stets darauf, persönlichkeitsorientierte und individuelle sinnstiftende Antworten zu geben und zu diskutieren. Denn ein strikt sicherheitsorientierter Mitarbeiter, der sich bei unternehmerischen Entscheidungen immer gleich fragt, was dies für die Existenz des Unternehmens und den Erhalt der Arbeitsplätze und Gehälter bedeutet, muss anders geführt und motiviert werden als ein Mitarbeiter, der das Risiko und die Veränderung als Chance begreift. Letzterer fragt sich zum Beispiel, welche Konsequenzen die unternehmerische Entscheidung für die Innovationskraft des Teams und der Firma hat.

Ein Merkmal agiler und flexibel agierender Teams ist, dass nicht einfach eine Aufgabe oder ein Projekt abgearbeitet wird, sondern sich die Teammitglieder ständig fragen, ob es noch auf dem richtigen Weg ist, welche Ziele neu justiert werden müssen und ob das, was das Team leistet, noch das ist, was der Kunde oder Auftraggeber wünscht. Oftmals wird von der Teamleitung übersehen, dass die Antworten der verschiedenen Teammitglieder sehr unterschiedlich ausfallen. Das sicherheitsorientierte Teammitglied setzt andere Prioritäten und Schwerpunkte als der innovationsfreudige Teamkollege. Menschlich-agiles Leadership berücksichtigt solche Mentalitätsunterschiede. Damit nicht genug: Es versucht, gerade aus dieser Unterschiedlichkeit kreative Funken zu schlagen und die unterschiedlichen Antworten der verschiedenen Teammitglieder zu einem Konsens zusammenzuführen. Das ist nicht immer möglich, aber doch Ziel und Intention einer Führungspersönlichkeit, die beim Leadership die Perspektive aller Teammitglieder berücksichtigen will.

Feld 6: Unterstützung bei der Persönlichkeitsentwicklung anbieten

In vielen Unternehmen wird den Teammitgliedern die agile Teamarbeit voraussetzungslos übergestülpt, ohne sie auf den Umgang mit den agilen Methoden und Instrumenten vorzubereiten. Allerdings: Das Arbeiten in flacheren Teams ohne größere hierarchische Strukturen und der Umgang mit Scrum, Kanban, Daily Stand-up, Retrospektive und Design Thinking – das will gelernt sein und muss trainiert werden. Dies ist ein wichtiger Aspekt des menschlich-agilen Leaderships. Führungspersönlichkeiten wollen ihre Mitarbeiter jedoch nicht nur dabei unterstützen, fachliche, emotionale, soziale und digitale Kompetenzen aufzubauen, sondern sie wollen die Persönlichkeit der Mitarbeiter insgesamt weiterentwickeln. Um es auf den Punkt zu bringen:

Die Entwicklung der Persönlichkeit ist für die Führungspersönlichkeit ebenso wichtig (wenn nicht sogar noch wichtiger) wie der Aufbau von Agilitätskompetenz.

Persönlichkeitsentwicklung – das ist einmal mehr ein weites Feld. Worum es mir vorrangig geht, ist, dass eine Führungspersönlichkeit immer (auch) prüfen sollte, wie sie einem Teammitglied, wie sie einem Mitarbeiter helfen kann, die innewohnenden Begabungen und Talente zu entfalten und auszubilden, brachliegende Potenziale zu aktualisieren, innerlich stärker zu werden, in Stress- und Belastungssituationen zu wachsen und der zu werden, der man wirklich ist. Entscheidend ist außerdem, dass es dem Mitarbeiter möglich sein soll, sich am Arbeitsplatz als Persönlichkeit einzubringen. Er soll nicht allein als Rädchen im Getriebe funktionieren und durch eine Anpassungsleistung oder den Einsatz einer bestimmten Kompetenz oder Fähigkeit einen Beitrag leisten, dass das Unternehmensganze am Laufen gehalten wird, sondern sich als Persönlichkeit und Mensch einbringen können.

Diese Ziele setzt sich die Führungspersönlichkeit natürlich auch, weil sie will, dass der Mitarbeiter einen bestmöglichen Beitrag zur Erreichung der Unternehmensziele leisten kann. Es geht ihr mithin nicht um die Persönlichkeitsentwicklung um ihrer selbst willen oder um Sozial-Klimbim. Primäres Ziel ist und bleibt immer das Wachstum der Gesamtunternehmung. Dieses Wachstum ist jedoch meistens nur dann erreichbar, wenn auch die Menschen, die für das Unternehmen tätig sind, beruflich und persönlich wachsen können. Unternehmerisches Wachstum und die Weiterentwicklung der Kompetenzen und der Persönlichkeit der Menschen sind die zwei Seiten einer Medaille und bedingen sich gegenseitig.

Dabei kann es durchaus hilfreich sein, das Persönlichkeitsprofil eines Mitarbeiters zu erstellen, um diesen besser einschätzen zu können. Aus meiner Sicht bewährte Instrumente zur Persönlichkeits- und Leistungspotenzialanalyse sind die Hogan Persönlichkeitsassessments und das Leadership Circle Profile (LCP) – dazu mehr im neunten Baustein. Bei der Arbeit mit Persönlichkeitsprofilen ist zu beachten: Die Ergebnisse, die sich damit erzielen lassen, bedürfen immer der Überprüfung. Die Einschätzung von Verhaltensstilen und Verhaltenspräferenzen, von Motivatoren und Antreibern, von natürlichen Talenten und Kompetenzen durch eine Persönlichkeits- und Leistungspotenzialanalyse stellt nie das wahre Abbild der Persönlichkeit eines Menschen dar. Mit jener Einschätzung lassen sich jedoch immerhin bestimmte Charakterzüge, Merkmale und Eigenschaften deutlicher erkennen. Entscheidend ist, die Ergebnisse immer in der intensiven Beschäftigung mit dem Menschen zu überprüfen und zu verifizieren.

Übung: Wie ist es um den Entwicklungsstand des menschlich-agilen Leaderships in Ihrem Verantwortungsbereich bestellt?

- Gibt es bei Ihnen eine wertschätzende Vertrauenskultur? Inwiefern?
- Betreiben Sie (inwiefern) Alltagscoaching?
- Welche Möglichkeiten nutzen Sie, um Teamleistungen und Einzelleistungen gebührend anzuerkennen?
- Betreiben Sie – bezogen auf Ihre Mitarbeiter – so etwas wie ein Gesundheitsmanagement in Ihrem Verantwortungsbereich?
- Wie viel Zeit verbringen Sie an einem »normalen« Arbeitstag mit Ihren Mitarbeitern? Wie viel Zeit verbringen Sie durchschnittlich täglich mit Ihren Mitarbeitern? Welche Inhalte/Aufgaben füllen diese Zeit?
- Diskutieren Sie mit Ihren Mitarbeitern den Sinn, den Zweck und das Warum ihres Tuns?
- Führen und motivieren Sie sinnstiftend? Inwiefern?
- Gehört es zu Ihrer Zielsetzung, Ihre Mitarbeiter und Teammitglieder aktiv bei der Persönlichkeitsentwicklung zu unterstützen? Inwiefern helfen Sie Ihnen dabei?

Welche Veränderungen bei den Punkten 1 bis 8 sind notwendig?

Das Sechs-plus-eins-Feld: Zeit schenken und Zugänglichkeit zusichern

Wahre Wertschätzung nicht nur versprechen, sondern konkret spenden. Mitarbeiter tagtäglich begleiten, bis hin zum Alltagscoaching. Teamleistungen und Einzelleistungen gebührend anerkennen. Die physische und psychische Unversehrtheit der Mitarbeiter garantieren. Die Frage nach dem Warum diskutieren und beantworten und sinnstiftend agieren. Dann auch noch die Persönlichkeitsentwicklung im Auge behalten. Wahrscheinlich rufen jetzt einige von Ihnen aus: »Wann und wie soll ich das alles leisten?« Meine Antwort darauf: Es wird Ihnen gelingen, wenn Sie bereit sind, das Wichtigste und Elementarste zu schenken, das Ihnen zur Verfügung steht: Ihre Zeit.

Führungsarbeit in komplexen, unsicheren und unberechenbaren Zeiten darf sich nicht auf organisatorische und administrative Aufgaben beschränken. Es genügt nicht, die nächste Konferenz zu planen und die Voraussetzungen für Scrum, Kanban, Daily Stand-up, Retrospektive und Design Thinking zu schaffen. Nein – Sie sollten Ihren Mitarbeitern als Ratgeber und Unterstützer zur Verfügung stehen. Nicht permanent, aber doch immer dann, wenn es notwendig ist. Auch wenn es zunächst paradox klingt: Das gilt für die Arbeit in flachen Hierarchien oder gar »cheflosen« Teamstrukturen mehr denn je.

Wenn Mitarbeiter Unterstützung benötigen, sollten Sie als coachender Ansprechpartner zur Verfügung stehen und zumindest vorübergehend als »Kutscher« die Führung übernehmen. Das erfordert vor allem Zeit und eine Kultur der offenen Tür, die keine Floskel ist, sondern gelebte Führungsrealität.

Sich Zeit nehmen für die individuellen Menschen und die individuelle Situation: Das ist das vielleicht wertvollste »Geschenk«, das eine Führungspersönlichkeit einem Mitarbeiter und einem Team machen kann. Wertvoll auch deswegen, weil es letztendlich wiederum den Unternehmen zugutekommt: Wer sich zeitlich viel und intensiv um seine Mitarbeiter kümmert und dabei menschenbezogene Aufgaben in den Fokus rückt und menschenbezogene Führung vor operative und aufgabenbezogene Managementaufgaben stellt, darf sich über leistungsstärkere Mitarbeiter freuen. Das besagt zumindest eine zwar nicht repräsentative, aber dennoch interessante Studie der Penning Consulting (Penning 2018). Dabei wurden neunzig Führungskräfte auch nach ihrem zeitlichen Engagement für verschiedene Führungsaufgaben befragt. Ein Kernsatz dabei: »Führungskräfte in Unternehmen mit hohem Engagementlevel investieren mehr Zeit in Führungsaufgaben. In Unternehmen mit niedrigem Engagementlevel und hoher Belastungszuschreibung stehen operative Managementaufgaben im Fokus.«

Und das heißt: Unternehmen mit engagierten Mitarbeitern zeichnen sich dadurch aus, dass die Führungskräfte einfach mehr Zeit in die individuelle Entwicklung ihrer Mitarbeiter investieren. Vielleicht ist es Zeit für eine revolutionäre Idee:

Als Führungspersönlichkeit zeigen Sie Ihren Mitarbeitern Ihre Wertschätzung und Ihr wahres Interesse an ihnen, indem Sie so viel Zeit wie möglich mit ihnen verbringen, ihnen zuhören und sich von ihnen ausführlich ihre Ansichten und Meinungen (etwa zu einer Aufgabe oder einem Projekt) erläutern lassen.

Vier entscheidende Denkanstöße für die Teamführung

Denkanstoß 1: Leadership ist kein abgehobenes Managementkonzept, sondern für die Menschen da. Es soll ihnen helfen, sich in einem sinnstiftenden Umfeld weiterzuentwickeln.

Denkanstoß 2: Erfolgreiches Leadership verknüpft die Aspekte Agilität und Menschlichkeit. Agil-flexible Strukturen lassen sich nur aufbauen, wenn die Menschen mitgenommen werden. Diese wiederum benötigen eine Einführung in die agilen Methoden und müssen sich mit ihnen vertraut machen können.

Denkanstoß 3: Leadership aus Sicht der Mitarbeiter heißt vor allem: Die Führungspersönlichkeit vertraut ihnen, unterstützt sie wo immer möglich, erkennt die Team- und Mitarbeiterleistungen gleichermaßen an, stärkt ihre Resilienz, führt sinnstiftend und entwickelt die Menschen ganzheitlich.

Denkanstoß 4: Das Wichtigste, das eine Führungspersönlichkeit den Mitarbeitern geben kann, ist ihre Zeit.

Wichtigstes Ziel des menschlich-agilen Leaderships ist es, ein Team mit Persönlichkeit aufzubauen.

Baustein 5

Teams mit Persönlichkeit aufbauen und entwickeln

 Kapitel-Check

Was Sie in diesem Kapitel erwartet

Ein Team ist ein lebendiges Gebilde, das nicht nur Kompetenzen aufbauen, sondern auch eine bunte und facettenreiche Persönlichkeit entfalten kann. Sie erfahren, welche Konsequenzen sich daraus für die Führungspersönlichkeit und den Leadership-Ansatz ergeben.

Ihr Nutzen

Sie lesen, welche Führungsgrundsätze Sie bei der Entwicklung einer Teampersönlichkeit leiten sollten und wie Sie Team-Resilienz aufbauen.

Warum auch ein Team Persönlichkeit haben kann

Teams mit Persönlichkeit aufbauen und entwickeln – die Überschrift des fünften Bausteins ist mehrdeutig: Um ein Team, das gesetzte Ziele erreicht, aufbauen zu können, ist zum einen eine Führungskraft mit Persönlichkeit Voraussetzung. Zugleich soll das Team selbst Persönlichkeit entfalten. Aber ist das überhaupt möglich?

Lassen Sie uns dazu kurz Rückschau halten. Unser Ausgangspunkt ist, dass im Zuge der Digitalisierung und der agilen Teamarbeit die große Gefahr droht, dass der Mensch ins Hintertreffen gerät. Der Mitarbeiter wird allzu oft nur als funktionales Rädchen gesehen, dessen Aufgabe darin besteht, den Betrieb am Laufen zu halten. Er soll dazu beitragen, die Teamarbeit agil und flexibel auszugestalten, sodass auf die ständig sich ändernden Rahmenbedingungen angemessen reagiert werden kann. Er wird als Mittel zum Zweck begriffen – und dadurch droht eine Vernachlässigung der menschlichen Bedürfnisse der Teammitglieder. Funktionalität schlägt Personalität: Der Mitarbeiter wird nicht über seine Personalität wahrgenommen, sondern über seine Funktionalität.

Einfaches Beispiel: Im Rahmen der agilen Teamarbeit wird den Teilnehmern die Fähigkeit zur Selbstorganisation abverlangt, ohne zu bedenken, dass die Menschen dies erst einmal erlernen und üben müssen. Nicht alle Mitarbeiter fühlen sich ohne Hierarchien wohl, sie wollen das Agieren und Arbeiten in enthierarchisierten Strukturen erst einmal kennenlernen. Wenn Vorgesetzte davon ausgehen, jeder Mitarbeiter sei von Hause aus ein Mitunternehmer, ein Binnenunternehmer oder Intrapreneur, der in der Lage sei, Chancen selbstverantwortlich zu erkennen und eigenständig zu nutzen, also unternehmensorientiert, kundenfokussiert und teamorientiert zugleich zu denken und zu handeln, werden sie unliebsame Überraschungen erleben. Solche Vorgesetzten denken nur in den Kategorien der Zweckmäßigkeit, der Effektivität und der Effizienz. Keine Frage – das ist erlaubt und oft auch notwendig, damit ein Unternehmen, eine Organisation oder ein Team seine Aufgaben erfüllen kann. Doch das Übermaß an Aufgabenorientierung überlagert die Menschenorientierung, die Bedürfnisse der Menschen geraten in den Hintergrund.

Eine Führungspersönlichkeit, wie sie hier in diesem Buch verstanden wird, nimmt eine andere Haltung ein: Aus ihrer Perspektive gelingt agile Teamarbeit nur, wenn bei der Teamarbeit primär die Wünsche, Erwartungen und Bedürfnisse der beteiligten Menschen Berücksichtigung finden. Wobei diese menschlichen Bedürfnisse weit gefasst sind. Denken Sie nur an die Bedürfnispyramide von Abraham Maslow, die bei den physiologischen und Sicherheitsbedürfnissen ansetzt und dann die sozialen und individuellen Bedürfnisse ins Auge fasst, unter denen Maslow Aspekte wie Vertrauen, Wertschätzung, Selbstbestätigung, Erfolg, Freiheit und Unabhängigkeit fasst. Darauf folgen die kognitiven und ästhetischen Bedürfnisse. Die Pyramide kulminiert in den Bedürfnissen nach Selbstverwirklichung und Transzendenz, wobei die letzten zwei Bedürfnisse viel mit dem zu tun haben, was ich in Baustein 4 zu dem Streben nach Sinnstiftung und dem nächsthöheren Ganzen gesagt habe.

Zugleich begreift eine Führungspersönlichkeit das Team als lebendiges Gebilde, das auch so etwas eine Persönlichkeit hat. Und diese Persönlichkeit will sie unbedingt weiterentwickeln.

Natürlich: Ein Team setzt sich zusammen aus einer Vielzahl an Menschen mit je eigener und individueller Persönlichkeit. Aber durch das Zusammenwirken dieser Individuen entfaltet das Teamgefüge so etwas wie eine Persönlichkeit. Wir sprechen nicht umsonst davon, dass etwa im Sport eine Mannschaft Charakter gezeigt habe. Umgekehrt wird zuweilen einem Fußballteam die Persönlichkeit oder die »richtige« Mentalität abgesprochen, allerdings meistens dann, wenn es offensichtlich an Führungsspielern oder Führungspersönlichkeiten fehlt. Deutlich wird dabei auch: Solche Beurteilungen haben immer etwas mit den agierenden Personen, den Teammitgliedern zu tun.

Das Riemann-Thomann-Modell (siehe dazu *www.Karrierebibel.de*, die folgenden Zitate entstammen der Webseite) unterscheidet vier verschiedene Teampersönlichkeiten. Es handelt sich um die Beschreibung der Art und Weise, wie die Menschen im Team interagieren. In aller Kürze:

- Im Dauer-Distanz-Team dominieren »Disziplin, Sachlichkeit und Organisation« und »systematisches und logisch-rationales Vorgehen«. Oft drohen dabei »das Wirgefühl und der Zusammenhalt« zu kurz zu kommen.
- Im Dauer-Nähe-Team sind herrscht große Verbundenheit. »Man steht füreinander ein, ist hilfsbereit und kann sich auf den jeweils anderen verlassen.« Allerdings: Andere Denkweisen können sich oft nicht durchsetzen, der Harmonie-Gedanke wirkt zuweilen lähmend.

Übrigens: Es gab eine Phase in der Entwicklung unseres Judoteams, in der mein Judolehrer mit Absicht Dinge auf den Prüfstand gestellt, Veränderungen vorgenommen und sogar einmal einen Konflikt gesät hat, um Bewegung in das Team zu bringen und eine Phase der konstruktiven Weiterentwicklung anzustoßen.

- Kommen wir zum Wechsel-Distanz-Team, bei dem die Eigenständigkeit der einzelnen Teammitglieder im Fokus steht. Entscheidend ist, dass zwar im Team zusammengearbeitet wird. Doch jeder agiert in seinem eigenen klar abgegrenzten Bereich. Der Innovationsgrad ist hoch, doch es fehlt zuweilen an der Bindung untereinander und an Beständigkeit.
- Im Wechsel-Nähe-Team schließlich gibt es »eine gute Mischung aus Flexibilität, Ideenreichtum und Risikobereitschaft auf der einen sowie Unterstützung, Zugehörigkeit und Teamgefühl auf der anderen Seite«, wobei sich die beiden Tendenzen gegenseitig blockieren können.

Um es deutlich zu sagen:

Der Begriff »Teampersönlichkeit« ist ein Konstrukt, eine gedankliche Hilfskonstruktion, um etwas zu beschreiben, das empirisch nicht messbar, aber doch ableitbar ist.

Zur Verdeutlichung: Ein Indikator von Teamintelligenz ist etwa die hoch entwickelte Fähigkeit, gemeinsam Probleme zu lösen. Und ein wichtiger Indikator für Teampersönlichkeit ist aus meiner Sicht die Kompetenz, sich ständig als Team weiterentwickeln zu wollen.

Für meinen Zusammenhang ist weniger die Beschreibung der einzelnen Teampersönlichkeiten von Relevanz. Viel wichtiger ist das dahinterstehende Denken: Ein Team ist (auch) ein sich entwickelnder lebendiger Organismus, der aufgrund der Zusammensetzung seiner Teammitglieder einen eigenen Charakter ausbildet.

Entscheidend ist die so entstehende kollektive Teamintelligenz, die es erlaubt, einem Team so etwas wie Teampersönlichkeit, einen Charakter oder eine Mentalität zu- oder auch abzusprechen.

Wir können es alternativ die Corporate Identity eines Teams nennen, die sich in einer gemeinsamen und Identität stiftenden Teamkultur und Teamsprache, aber auch in äußeren sichtbaren Symbolen und Zeichen zum Ausdruck bringt, etwa einem Logo, einem Motto, der Kleidung oder auch einem Team-Song.

Die elementaren Grundsätze für die Entwicklung einer Teampersönlichkeit

Wenn Sie Ihrem Team Charakter zuschreiben oder der Ansicht sind, Sie seien auch für die Persönlichkeitsentwicklung des Teams zuständig, hat dies Konsequenzen für die agile Teamarbeit: Um die Persönlichkeit des Teams, seinen Charakter, seine Mentalität, seine Corporate Identity voranzubringen, sollten Sie als Führungspersönlichkeit von den folgenden Grundsätzen ausgehen:

Grundsatz 1: Auch ein agiles Team durchläuft einen Entwicklungsprozess.

Grundsatz 2: Bei der Teamzusammenstellung steht der Diversity-Aspekt im Fokus, und zwar insbesondere auf den Ebenen der Kompetenzen, der Persönlichkeitsprofile und der Generationenzugehörigkeit. Pointiert ausgedrückt: Das Team verfügt über eine bunte und facettenreiche Persönlichkeit, die sich aus zahlreichen Eigenschaften und Merkmalen zusammensetzt.

Grundsatz 3: Diversity-Teams verlangen aufgrund ihrer Vielfalt und facettenreichen Persönlichkeit die Kompetenz der Führungspersönlichkeit, situativ und kollaborativ geführt zu werden – dabei hilft das Führungsmodell, das Sie in Baustein 11 kennenlernen werden und mit dem sich Führungsstilsouveränität und Führungssouveränität aufbauen lässt.

Grundsatz 4: Neben der Stärkung der Widerstandskräfte der einzelnen Teammitglieder richtet sich der Fokus auf den Aufbau der Team-Resilienz.

Grundsatz 1: Entwicklungsprozesse im agilen Team beachten

Meiner Erfahrung nach werden in den Unternehmen agile Teams oft unter der Prämisse zusammengestellt, es genüge, möglichst viele internetaffine Mitarbeiter, die sich als Digital Natives exzellent mit den neuen Medien auskennen, in einem Raum zusammenzubringen. Fast hätte ich geschrieben: »... in einem Raum zusammenzusperren«. Die Erwartung: Dann wird sich schon irgendwann eine agile Energie entwickeln.

Das ist übertrieben und pointiert auf den Punkt gebracht, aber die Übertreibungskunst dient dazu, Dinge deutlich zu machen. Die Herausforderung ist: Natürlich durchläuft auch das agile Team bestimmte Teambildungs- und Teamentwicklungsphasen. Dazu muss ich mich nur an meine Zeit als Judoka und Judotrainer erinnern. Ob nun ein neues Teammitglied – ein neuer Judoka – hinzukam oder ob es eine neue Aufgabe zu bewältigen gab – das neue Ziel, etwa die Meisterschaft oder die Qualifikation für einen wichtigen Wettkampf:

Jedes Team beginnt bei null – immer und immer wieder.

Selbst etablierte Teams durchleben Veränderungen, die es notwendig machen, den Teambildungsprozess wieder von vorn zu beginnen. Ja, sogar ein Zuviel an Erfolg kann die Konsequenz haben, den Teambildungsprozess neu zu starten oder ihn zumindest mit neuen Impulsen zu befeuern, um das Team, das sich am eigenen Erfolg berauscht und in Lethargie zu versinken droht, aus seiner lähmenden Selbstzufriedenheit herauszureißen. Das heißt: Teamentwicklung ist ein dynamischer, kein statischer Prozess. Jedes Team durchläuft permanent Phasen, wobei nach Bruce W. Tuckman die Phasen Forming, Storming, Norming und Performing so gut wie immer eine Rolle spielen (Tuckman 1965):

- Forming – die Teambildungsphase
- Storming – die Konfrontationsphase
- Norming – die Integrations- und Vereinbarungsphase
- Performing – die Leistungsphase

Die Phasen gehen ineinander über, zuweilen kehrt ein Team in eine frühere Phase zurück, es kann vorkommen, dass sich ein Team auflöst oder derart umstrukturieren muss, dass die Notwendigkeit entsteht, sich neu aufstellen und organisieren zu müssen. Menschlich-agiles Leadership achtet in jeder Phase darauf, dass beide Pole Beachtung finden: Menschlichkeit und Agilität. Die einseitige Bevorzugung des »agilen« Entwicklungsstandes führt zu der Fehleinschätzung der Führungskraft, das agile Team sei top entwickelt und reif genug, die Herausforderungen der disruptiven VUKA-Welt zu meistern.

Forming: Die Teammitglieder orientieren sich

Zielführender ist es, sich konsequent die »menschliche Wahrnehmungsbrille« (Baustein 1) aufzusetzen und die innere Ordnung des Teams zu analysieren (Baustein 3), um phasenorientiert vorzugehen. In der Teambildungsphase geht es darum, sich kennenzulernen, Grenzen auszuloten, Vorbehalte zu thematisieren und die vorhandene Motivation zu nutzen, um sich mit der Arbeit und der Teamaufgabe im Detail vertraut zu machen. Jeder sucht nach seiner Rolle und seiner Position im Team. Da – wie Sie bei Grundsatz 2 lesen werden – in einem leistungsfähigen Team möglichst unterschiedliche Menschen sitzen sollten, ist es klug, Verständnis füreinander aufzubauen, Widerstände und Konflikte aufzuspüren und zu lösen sowie gemeinsame Ziele zu formulieren, mit denen sich alle Teammitglieder identifizieren können.

Auch der Teamspirit darf nicht vergessen werden: Er wird wahrscheinlich nicht schon in dieser Phase entstehen, aber die Führungspersönlichkeit kann vorbereitende Maßnahmen wie intensive Kennenlerntreffen organisieren, damit er sich zu einem späteren Zeitpunkt entzünden kann. Die

Kompetenzen, insbesondere die für Agilität notwendigen, sind vorhanden, es fehlt noch an der kollektiven Teamintelligenz, die dazu führen kann, dass aus 2 + 2 tatsächlich 5 werden.

Storming: Konfrontation und Streit bereiten hohe Produktivität vor

In der Stormingphase geht es streitbar und konfliktär zu. Auseinandersetzungen sind an der Tagesordnung, ja sogar erwünscht, damit die Ursachen erkannt und ausgeräumt werden können. Das Engagement sinkt in dieser Streitphase auf einen Tiefpunkt – und das ist für das agile Team besonders schmerzlich, war man doch optimistisch davon ausgegangen, von Anfang an aufgrund des hohen Agilitätsfaktors exzellente Arbeitsergebnisse liefern zu können. Wenn bei der Teamarbeit der menschliche Faktor unberücksichtigt bleibt, sind die negativen Folgen vor allem in dieser Konfrontationsphase zu spüren. Darum ist nun die kommunikative Kompetenz der Führungspersönlichkeit ganz besonders gefragt. Sie sollte möglichst viel Zeit mit dem Team und den Teammitgliedern verbringen und die in Baustein 4 beschriebenen »Sechs plus eins«-Felder beackern und zum Beispiel genau zuhören, Vertrauen zwischen den Teammitgliedern aufbauen, das bereits Erreichte teamisieren und die Mitarbeiter auf die sinnstiftende Aufgabe hinweisen, einen substanziellen Beitrag zur Erreichung des nächsthöheren Ganzen zu liefern, etwa der Entwicklung der Gesamtunternehmung, die das Überleben am Markt und Arbeitsplätze sichert.

Ein Kennzeichen agiler Teams ist das rasche und flexible Agieren – aus dieser Fähigkeit bezieht das agile Team oft seine Daseinslegitimation. Darum sehen viele Führungskräfte ihre primäre Aufgabe darin, das Team an dieser Phase vorbeizuführen. Sie wünschen sich, dass es gar nicht erst in diese konfliktären Situationen hineingerät. Machtspiele und Positionskämpfe werden übersehen und durch Scheuklappen-Denken verdrängt und nicht wahrgenommen, Konflikte unter den Teppich gekehrt, wo sie sich dann in Ruhe zu einem veritablen Brand entwickeln können, der das Team zerstören kann.

Es ist ein Riesenfehler, der Konfrontationsphase auszuweichen. Denn wenn die Konflikte konstruktiv gelöst werden, ist es gerade die Streitphase, in der das Team zu einem lebendigen und produktiven Organismus heranwachsen und -reifen kann. Führungspersönlichkeiten wissen:

In der Streit- und Konfrontationsphase gelingen agilen Teams oft die größten Entwicklungsschritte hin zu einem Hochleistungsteam.

Norming: Agilität und Menschlichkeit in Balance

In der Vereinbarungsphase kommt es im Idealfall zum Konsens, zu Vereinbarungen, zu denen alle beteiligten Personen ihr Jawort geben und ihr Einverständnis erklären, oder doch zumindest zu einem Kompromiss. Bei Letzterem jedoch muss die Führungspersönlichkeit darauf achten, dass es sich nicht um einen faulen handelt.

Meiner Erfahrung nach gelingt die Integrationsphase dann am besten, wenn die Pole Agilität und Menschlichkeit ausbalanciert sind.

Die agilen Fähigkeiten sind gut ausgebildet, die Teammitglieder beherrschen das agile Mindset und Instrumentarium in dem erforderlichen Ausprägungsgrad, die aufgabenorientierten und die menschlich-zwischenmenschlichen Beziehungen zwischen den Teammitgliedern sind geklärt, die Rollen, Funktionen, Aufgaben und Verantwortlichkeiten geregelt. Niemand wird über- oder unterfordert. Die erwünschten Ziele sind formuliert, eine zukunftsgerichtete Streitkultur etabliert, eine Lernkultur entfaltet, bei der nicht die Suche nach einem Schuldigen im Fokus steht, sondern ein Fehler als notwendiger Schritt auf dem Weg zum Teamergebnis interpretiert und akzeptiert wird: Lernkultur statt Fehlerorientierung.

Hinzu kommt: Alle Teammitglieder fühlen sich dem nächsthöheren Ganzen verpflichtet und ziehen darum an einem Teamstrang. Darum geben sie sich gegenseitig förderliches und produktives Feedback und vermeiden es, sich mit negativem Feedback gegenseitig herunterzuziehen. Und wenn jemand produktiv kritisiert, wird er von den anderen Teammitgliedern darauf hingewiesen.

Performing: Das reife Team bringt die beste Leistung

Um es nochmals auf den Punkt zu bringen: Die Führungspersönlichkeit betrachtet das Team ähnlich wie einen Mitarbeiter, dessen Persönlichkeit entwickelt werden muss – an dieser Stelle im Rahmen eines Teamentwicklungsprozesses, bei dem das Team mehrere Phasen durchläuft. Und erst in der Leistungsphase entspricht das Team dem, was sich so mancher von Anfang an vom agilen Team gewünscht hat. Bernd Wolfgang Lubbers fasst den Zustand des Teams in der Leistungsphase so zusammen: Es ist »nun ein selbstreflexives System, deren Mitglieder in Zusammenhängen zu denken in der Lage sind. So wird beispielsweise das gemeinsame Ziel und die Bedeutung der Teamarbeit für das nächsthöhere Ganze und das höchste Ganze – die Vision – mitbedacht und reflektiert. Stets wird gefragt, welche Konsequenzen die eigene Arbeit für die Erreichung der übergeordneten Geschäftsziele hat. Die Teammitglieder klären ab, ob das Ziel noch das richtige ist, behalten Änderungen bezüglich der Rahmenbedingungen im Blickfeld und reagieren entsprechend. Meinungsverschiedenheiten und Konflikte werden im Rahmen der gefundenen Strukturen und Regeln gelöst.« (Lubbers 2005: 148)

Das Team hat nun einen Reifegrad erlangt, der es den Teammitgliedern erlaubt, den VUKA-Herausforderungen standzuhalten. Aber dieser Reifegrad ist in den seltensten Fällen von Anfang an vorhanden, sondern muss im Teambildungsprozess erst aufgebaut und erworben werden.

Übrigens: Jetzt erst sollte die Führungspersönlichkeit – oder auch der Teamleiter – das tun, was in holokratisch und soziokratisch organisierten Teams oft von Anfang an geplant ist: Der Leitende zieht sich zurück. Die Teamarbeit »ohne Chef« ist nun zumindest wahrscheinlicher und eher möglich, weil sich das Team selbst zu führen versteht. Die Führungspersönlichkeit agiert vor allem als beratender und moderierender Coach und Koordinator.

Wie bereits erwähnt: Der Rückfall in eine frühere Phase ist jederzeit möglich und unter bestimmten Prämissen notwendig und erwünscht. Dann geht es darum, den Ursachen auf die Spur zu kommen und die entsprechenden Veränderungsmaßnahmen in die Wege zu leiten. Was ich immer wieder beobachte und erlebe: Das entwickelte und reife Team verschließt sich notwendigen Changeprozessen – warum sich verändern: man ist doch erfolgreich! – und konterkariert damit das, was ursprünglich das Hauptziel war: sich agil und flexibel den verändernden Rahmenbedingungen anpassen wollen und können. An dieser Stelle sollte die Führungspersönlichkeit einschreiten und dem reifen Team Möglichkeiten aufzeigen, zu seiner innovativen Kreativität zurückzufinden.

Grundsatz 2: Kreative Diversity zur Grundlage der Teamzusammenstellung erklären

Ich kenne einige Unternehmen, bei denen die Teamzusammenstellung allein unter dem Aspekt der Agilität erfolgt. Das Kriterium, das die Teammitglieder zu erfüllen haben, ist, agile Methoden zu kennen und in Perfektion einsetzen zu können. Allerdings: Solche Teams schmoren allzu oft in ihrem eigenen agilen Saft. Darum: Bunte Vielfalt ist wichtiger als monotone Einseitigkeit und schwarz-weiße Eindimensionalität.

Natürlich: Wenn die Teamaufgabe darin besteht, Innovationen zu kreieren und mit Flexibilität und Anpassungsfähigkeit rasch zu agieren, ist es sicherlich zielführend, Menschen zusammenzubringen, die dazu in der Lage sind. Es ist aber auch richtig, jemanden im Team zu haben, der eine andere Perspektive einnimmt und in die Diskussion einwirft: »Stopp! Bevor wir diese rasche Problemlösung in Gang setzen: Führt sie uns auch wirklich zum gewünschten Ergebnis?«

Ich plädiere dafür, bei der Zusammenstellung agiler Teams den Aspekt der Diversity, der Vielfalt zu berücksichtigen.

Es gibt wohl kaum ein erfolgreiches Team, in dem sechs Controller zusammensitzen, die nur die Zahlen, Daten und Fakten im Blick haben und ständig nach der Machbarkeit und Effektivität fragen. Und auch wenn die kreativen Funken heftig sprühen, weil alle Teammitglieder visionär veranlagt sind, gibt es ein Problem: Es fällt dem Team schwer, vor dem Sankt Nimmerleinstag irgendetwas in die Umsetzung zu bekommen, weil die Teammitglieder lieber noch eine weitere Vision ausbrüten, als sich in die Niederungen der konkreten Umsetzungsschritte zu begeben. Und wenn das Team nur aus agilen Mitarbeitern besteht, die zwar miteinander vernetzt sind und als Digital Natives der Generation Y rasch miteinander kommunizieren und geradezu prädestiniert sind, den Herausforderungen der volatilen, unsicheren, komplexen und ambivalenten VUKA-Welt zu begegnen, droht auch dieses Team durch seine einseitig agil strukturierte Zusammensetzung zu scheitern.

Diversity-Management: Warum menschliche Vielfalt im Team Trumpf ist

Bei der Teamzusammenstellung sollte der Diversity-Aspekt im Vordergrund stehen. Der Diversity-Ansatz interpretiert Vielfalt, Individualität, ja Exzentrizität nicht als Risiko, sondern als Chance. Vielleicht decken sich

Ihre Erfahrungen mit meinen Erkenntnissen und Erlebnissen: Wenn mehrere, auch kulturell unterschiedlich geprägte Mitarbeiter an der Lösung eines Problems arbeiten, gelangen sie oft zu differenzierteren Lösungsmöglichkeiten. Die Vielfalt bezieht sich auf die Geschlechtszugehörigkeit, das Alter, die Generationenzugehörigkeit, die gemachten Erfahrungen, die Nationalität, den Kulturkreis, aus dem ein Teammitglied kommt, und die Persönlichkeitsstruktur. Der große Vorteil einer Diversity-Teamzusammenstellung besteht in der Versammlung sehr unterschiedlicher Wahrnehmungsperspektiven. Denn jeder Mitarbeiter betrachtet das Problem durch »seine Wahrnehmungsbrille«, die durch seine Individualität geprägt ist. Und das kann meiner Erfahrung nach für die Lösung einer Problemstellung nur hilfreich sein. .

Unterschiedlichkeit wirkt mithin belebend. Aber wie alles im Leben hat auch der Diversity-Ansatz eine Schattenseite, die im dritten Baustein schon einmal Erwähnung fand: Die Unterschiedlichkeit der Teammitglieder kann zu Vorbehalten gegen- und untereinander führen, die die zwischenmenschlichen Beziehungen belasten. Es kommt zu Widerständen, Auseinandersetzungen und Konflikten. Zum Glück findet dies in dem Ansatz, Teamarbeit von den Menschen her zu denken, Widerhall:

Die menschlich-agil agierende Führungspersönlichkeit hat den Willen und die Kompetenz, bei der Entwicklung der Persönlichkeit des Teams auf die Unterschiedlichkeit der Teammitglieder einzugehen und die durch die Heterogenität entstehenden Stolpersteine aus dem Weg zu räumen.

Trotz dieser Schattenseite: Es ist aus meiner Sicht gerade aufgrund der Unterschiedlichkeit in den Fähigkeiten, der Persönlichkeit, den Einstellungen und Verhaltensweisen der Menschen möglich, ein Team zusammenzustellen, das gute Arbeitsergebnisse erbringen kann. Denn nur machtbewusste Alphamännchen, nur pedantische Controller, nur sicherheitsorientierte Bewahrertypen, nur agile Digital Natives, nur immer dieselbe Wahrnehmungsbrille – das geht meistens nicht gut, weil der Output der Teamarbeit zu eindimensional ausfällt.

Teammitglieder mit unterschiedlichen Wahrnehmungen

Bei der Beantwortung der Frage, mithilfe welcher Kriterien eine Führungspersönlichkeit ein Team aus Mitarbeitern zusammenstellen kann, die möglichst unterschiedliche Wahrnehmungsbrillen tragen, hilft eine Kompetenzanalyse weiter. Ziel dabei ist, dass die Teammitglieder unterschiedliche Fähigkeiten aufweisen, die sich möglichst sinnvoll ergänzen. Weibliche und männliche Wahrnehmungsbrille, »junge« und »alte« Wahrnehmungsbrille, kulturell unterschiedliche geprägte Wahrnehmungsbrillen – hier fällt die Teamzusammenstellung unter dem Gesichtspunkt der Diversity relativ leicht. Schwieriger ist dies aber im Verhaltensbereich und bei der Persönlichkeitsstruktur. Es liegen verschiedene Modelle vor, die es gestatten, bei der Teamzusammenstellung die Persönlichkeitsstruktur zu berücksichtigen. Meredith Belbin, ein englischer Experte für Teamentwicklung, hat in den 1970er-Jahren neun Persönlichkeitstypen ermittelt, die seiner Meinung nach in jedem Team gebraucht werden; er spricht dabei von »Teamrollen«. Demnach besteht ein erfolgreiches Team aus einem Gründer/Neuerer, einem Koordinator, einem Gestalter, einem Teamworker, einem Vervollständiger/Perfektionisten, einem Ausführer/Umsetzer, einem Ressourcen-Ermittler/Beobachter, einem Spezialisten und einem Auswerter (Belbin 2010). Ein anderes Konzept stammt von Rolf Berth, nach dem sich ein Team aus folgenden Persönlichkeitstypen zusammensetzt: reformerischer Visionär, systematischer Entdecker, vernünftiger Analysierer, konservativer Anpasser, vorsichtiger Organisierer und geschickter Macher (Berth 1993). Zur Ausarbeitung eines weiteren Modells haben Erkenntnisse der Hirnforschung geführt. Demnach basieren unser Verhalten, unsere Entscheidungen und unsere Persönlichkeit auf drei Urprogrammen, den limbischen Instruktionen (siehe Häusel 2014). Zu unterscheiden sind demnach:

- das Balanceverhalten mit den Aspekten Sicherheitsdenken und Harmoniestreben und dem Leitsatz »Strebe nach Stabilität«,
- das Dominanzverhalten, bei dem der Machtwille und Autonomiestreben sowie der Leitsatz »Sei besser als die anderen« entscheidend sind, und
- das Stimulanzverhalten mit den Punkten Kreativität und Spontaneität und dem Leitsatz »Sei anders und brich aus dem Gewohnten aus«.

Wer ein Team den limbischen Instruktionen gemäß zusammenstellt, bezieht sich auf sechs Persönlichkeitstypen, die jeweils durch ein bestimmtes Verhalten und ein typspezifisches Werte- und Emotionssystem geprägt sind. Dazu zählen der dynamisch-dominante Performer, der balanceorientierte Bewahrer, der innovative Pioniertyp, der disziplinierte Controller, der tolerante »offene« Typ und der entdeckungsfreudige Kreative.

Dabei geht es nicht um die Frage, welches Modell nun das bessere oder sinnvollere ist. Entscheidend ist die Einstellung, bei der Zusammenstellung des Teams von dem Grundsatz »Vielfalt ist Trumpf« auszugehen.

*Wenn wir die Mitarbeiter und ihre Vielfalt als »Input«
bezeichnen, heißt das: Vielfältiger Input und unterschiedliche
Wahrnehmungsbrillen ziehen vielfältigen Output nach sich.*

Es muss nicht immer so sein, aber oft ist dies die Konsequenz: Mit hoher Wahrscheinlichkeit erhöht sich die Anzahl kreativer Ideen, innovativer Verbesserungsvorschläge, erwünschter Arbeitsergebnisse und festgelegter Ziele, wenn viele Menschen unterschiedlicher Herkunft und unterschiedlicher Persönlichkeitsstruktur gemeinsam an einer Problemlösung arbeiten.

Generationenaspekt: Überall nur die Generation Y

Die unsicheren VUKA-Zeiten führen meiner Beobachtung nach bei der Zusammenstellung agiler Teams häufig dazu, dass die Vertreter der sogenannten Y-Generation eine überproportional bedeutende Rolle spielen. Sicherlich: Den internetaffinen Mitarbeitern wird die agil-flexible Arbeitsweise wohl mit Recht eher zugetraut als den Vertretern der anderen Generationen. Sie wissen ja: Es wird differenziert zwischen:

- den Baby Boomern, die das Licht der Welt vor 1964 erblickt haben,
- der Generation X, zu der die zwischen 1965 und 1980 Geborenen gehören,
- der Generation Y, deren Mitglieder zwischen 1981 und 1995 geboren und zu denen die Digital Natives gehören, die mit Internet, Smartphone, Facebook, Twitter & Co. aufgewachsen sind, und neuerdings
- der Z-Generation: In dieser Kohorte halten sich die zwischen 1996 und 2012 geborenen Menschen auf.

Interessant ist, dass in einer Studie aus dem Jahr 2019 (Schnetzer 2019) erhebliche Übereinstimmungen zwischen der Generation Y und der Z-Generation festgestellt wurden. So ist der Zusammenhalt in der Familie für die Angehörigen beider Gruppen der bedeutendste stabilisierende Faktor. Aufgrund der Digitalisierung mit ihren allzu oft eher flüchtigen und oberflächlichen Beziehungen wird die Familie als ein Hort der Zusammengehörigkeit empfunden. Dazu passt, dass beide Generationen die Eltern als die Top-Influencer ansehen. Sowohl für die Generation Y als auch für die Z-Generation gehören eine gute Arbeitsatmosphäre und die Balance zwischen Arbeit und Freizeit zu den Kerneigenschaften eines ausgefüllten Berufslebens.

Bei der Diskussion, welche Mitarbeiter für die agile Teamarbeit besonders geeignet sind, werden die Digital Immigrants allzu oft mit ihren spezifischen Kompetenzen ausgegrenzt. Unter Digital Immigrants werden alle Menschen verstanden, die mit den neuen Medien erst im Laufe ihres (beruflichen) Lebens in Kontakt gekommen sind. Ihr Agilitätsgrad wird als niedrig eingestuft. Das mag zwar stimmen. Aber gerade diese Mitarbeiter sind es doch, die die Agilität und die Digitalisierung auch einmal unter die kritische Lupe legen wollen und zum Beispiel im soziokratisch-strukturierten Team, das ohne Hierarchie und Führung auszukommen versucht, die Frage stellen, ob es nicht Situationen gibt, in denen die »Führung ohne Chef« kontraproduktiv ist. »Die Selbstorganisation hat auch Grenzen!« – solche aus agiler Sicht fast schon blasphemischen Einwürfe kommen meistens von den Digital Immigrants. Wenn sie ausgegrenzt werden, stehen sie mit ihren spezifischen Kompetenzen und ihrem generationenabhängigen »nicht-agilen« Blick auf die Arbeitswelt und die neuen Medien der Teamarbeit nicht zur Verfügung. Und das ist ein Riesenverlust.

Reiner Czichos schreibt dazu grundsätzlich: »Die Arbeitswelt 4.0 besteht nicht nur aus Wissensarbeitern. Sicherlich: In Learning Spaces lassen sich in Kreativsitzungen wunderbar neue Ideen kreieren. Und das ist auch notwendig: Was jedoch nutzt dies den Handarbeitern zum Beispiel in den Produktionshallen oder den Tausenden von Kraftfahrern? Ein Großteil der Managementlehre konzentriert sich auf die Wissensarbeiter in den klimatisierten Büroräumen, die zur kreativen Entfaltung tatsächlich ein Wellness-Wohlfühlklima benötigen. An den Erwartungen und Lebensnotwendigkeiten der Menschen in den Produktionsstätten und -hallen gehen die agilen Vuca-Tipps meilenweit vorbei. Noch schlimmer: Die hemdsärmeligen Bedürfnisse der Handarbeiter werden dabei sträflich vernachlässigt.« (Czichos 2018a: 35)

Natürlich: Für die Millennials, wie die Y-Generation auch genannt wird, und die Z-Generation – sofern diese Menschen überhaupt schon im Berufsleben stehen – ist es normal, einen Arbeitsauftrag per Twitter zu erhalten und sich während des Meetings mit den sozialen Netzwerken auszutauschen, um zu prüfen, ob ein Netzwerkpartner einen substanziellen Beitrag zum Thema leisten kann. Die neuen Informations- und Kommunikationstechnologien sind ein essenzieller Bestandteil ihres Lebens, weil sie oft in Netzwerken und nicht in einer hierarchisch strukturierten Umgebung arbeiten. Sie sind an eigenständigen und selbstverantwortlichen Tätigkeiten in Projekten und Teams gewöhnt. Denn oft sind sie – allerdings nicht immer freiwillig – jahrelang von Team zu Team, von Projekt zu Projekt gesprungen: Das gehört zu ihrer beruflichen Lebenswirklichkeit. Aber:

Ob Baby Boomer, Generation X, Y oder Z: Jeder Vertreter kann eine Bereicherung für die agile Teamarbeit sein. Darum sollte sich auch das agile Team aus Menschen aus mehreren Generationen zusammensetzen.

Noch einmal zu den Digital Immigrants: Sie verfügen über den Vorteil, zur Digitalisierung und Agilität ein distanzierteres Verhältnis aufgebaut zu haben. Und ein distanzierteres Verhältnis aus der Helikopterperspektive erlaubt zuweilen einen anderen, einen kritischeren, einen alternativen Blick auf die Teamaufgabe. Und das kann der Teamarbeit nur guttun! Denn diese Menschen verfügen über ein unschätzbares Erfahrungswissen und können davon berichten, welche kommunikativen Missverständnisse jede technische Neuerung begleiten. In diesem Zusammenhang zitiere ich nochmals Reiner Czichos: »… häufig sind die Digital Natives, die sich fleißig über die sozialen Medien vernetzen und ihre Likes hyperinflationär verteilen, nicht in der Lage, Powerpoint oder Excel für ihre praktische Arbeit im Unternehmen einzusetzen. Sie haben es verlernt oder nie gelernt, einen längeren Text zu verfassen. Sie klicken sich durch Apps und wissen deren Vorteile durchaus zu nutzen – sie können oder wollen sich jedoch nicht durch die eher komplizierten Seiten eines Warenwirtschaftssystems arbeiten.«

Entscheidend sei, dass die Generationen voneinander lernen können: »Die Digital Natives bewegen sich aus ihrer abgeschotteten Hightech-Welt heraus, um die neuen Medien kritisch zu hinterfragen. Und die älteren Kollegen integrieren das Neue in ihre Erlebniswelten und verzichten darauf, immer und ewig am Bewährten festzuhalten.« (Czichos 2018b: 35)

Auch beim Teamrecruiting gilt: Vielfalt ist Trumpf

Wenn die Zusammenstellung eines Teams nicht nur unter agilen Gesichtspunkten erfolgt, sondern versucht wird, ein Team zu bilden, dessen Mitglieder sich bezüglich ihrer Kompetenzen, Persönlichkeitsstruktur und menschlichen Eigenschaften ergänzen, sollte der Diversity-Ansatz bereits beim Mitarbeiterrecruiting eine Rolle spielen. Damit dies gelingt, müssen sich einige Unternehmen von der Einstellungspraxis verabschieden, eher homogene Teams zusammenzustellen. Sie fürchten sich vor Reibungsverlusten und gehen davon aus, dass ein homogenes Team zu einer effektiveren Zusammenarbeit in der Lage ist. Die Folge: Querdenker und kreative Seiteneinsteiger, die Erfahrungen aus anderen und unterschiedlichen Blickwinkeln einbringen, fallen durch das Einstellungsraster. Dabei verfügen Seiteneinsteiger oft infolge ihrer Entwicklungsgeschichte über eine facettenreichere Persönlichkeit als das Firmen- und Branchengewächs mit seiner stetig nach oben führenden, quasi vorgegebenen Kaminkarriere. Darum ist einigen Unternehmen mehr Mut zu einer Einstellungs- und Recruiting-Philosophie zu wünschen, die dem bunten Querdenkertum eine Chance gibt.

Grundsatz 3: Situativ und kollaborativ führen

Die bunte Vielfalt im Team setzt aufseiten der Führungspersönlichkeit Führungsverhaltensweisen voraus, die der Diversity entsprechen. Entscheidend sind zwei Punkte:

1. die Kompetenz, situativ zu führen, also über einen Mix und bunten Strauß an Führungsstilen zu verfügen, und
2. die Fähigkeit, die Kollaboration im Team nach vorne zu bringen.

Kontext, Situation und Personen berücksichtigen

Bei der situativ-personalen Führung passt die Führungspersönlichkeit ihre Führungsarbeit konsequent der Situation und dem Reifegrad des jeweiligen Mitarbeiters oder Teammitglieds an. Den allein selig machenden Führungsstil gibt es nicht. Die Führungspersönlichkeit sollte alle Führungsstile beherrschen, um sie situations- und personenangemessen aktualisieren zu können. Das ist aus meiner Sicht die eigentliche Herausforderung, die moderne Führungskräfte zu bewältigen haben.

Natürlich hat es auch »früher« nicht genügt, einen Führungsstil oder lediglich einige wenige Führungsinstrumente zu beherrschen. Aber in digitalen Zeiten sind die Ansprüche gewaltig gewachsen: Die Führungspersönlichkeit wird im Diversity-Team mit einer Vielzahl an unterschiedlichen Personen und Persönlichkeiten konfrontiert. Zudem gibt es Leitende, die gleich mehrere Teams betreuen. Und im Zeitalter der Ambidextrie (siehe Baustein 1) ist es durchaus möglich, dass eine Führungspersönlichkeit zwei sehr unterschiedliche Teams führt: zum einen das »klassische« Team, das für die Fortführung des Tagesgeschäfts verantwortlich zeichnet und in der Regel eher traditionell-hierarchisch strukturiert ist, und zum anderen das für die kreativen Innovationen zuständige Team, welches häufig nach soziokratisch-holokratischen Gesichtspunkten aufgebaut ist.

John Kotter spricht in diesem Zusammenhang von einem dualen Betriebssystem, bei dem Stabilität und Agilität beziehungsweise Hierarchien und Netzwerke kombiniert werden (Kotter 2015). Weil die Führungspersönlichkeit die beiden (Team-)Welten miteinander verknüpfen soll, ist die Voraussetzung, die unterschiedlich strukturierten und organisierten Teams parallel zu führen. Hinzu kommt die Heterogenität der einzelnen Teammitglieder innerhalb eines Teams und die Möglichkeit, dass die Führungspersönlichkeit mehrere Kleinteams betreut. Dadurch erfahren die Anforderungen an die Kompetenzen der Führungspersönlichkeit eine enorme Komplexitätssteigerung.

Werfen wir einen Blick in die Praxis: Nehmen wir an, die (fiktive) Bereichsleiterin Brigitte Meyer betreut ein »Tagesgeschäft«-Team und drei agile Kleinteams, jeweils bestehend aus vier Personen, die an verschiedenen Lösungsansätzen für eine Produktinnovation arbeiten. Im »Tagesgeschäft«-

Team agiert sie vorrangig mit Anweisungen, aber auch mit Vereinbarungen. In den agilen Kleinteams ist der Selbstverantwortungsgrad sehr viel höher – hier coacht, berät und inspiriert Brigitte Meyer. Allerdings: Im »Tagesgeschäft«-Team benötigt die langjährige und erfahrene »rechte Hand« der Bereichsleiterin kaum noch irgendwelche Hinweise, Anweisungen und Direktiven, während in einem der Kleinteams ein neu eingestellter top-agiler Mitarbeiter – es handelt sich um einen hoch qualifizierten Digital Native – doch noch eine gewisse Anleitung benötigt, weil es ihm schwer fällt, sich in das Teamganze einzufügen. Und in einem anderen agilen Kleinteam ist aus unternehmensstrategischen Gründen eine rasche Entscheidung fällig – ein Kunde macht erheblichen Druck! Für eine Übergangszeit ist Schluss mit Coachen, Beraten und Inspirieren – Brigitte Meyer muss die Entscheidung fast schon diktatorisch fällen.

Das etwas überspitzte Beispiel zeigt nochmals: Den einen – oder auch zwei oder drei – unumstößlich »richtigen« Führungsstil gibt es nicht. Brigitte Meyer muss ihr Führungsverhalten immer wieder dem Kontext, dem Reifegrad des Mitarbeiters und der Situation anpassen. Eine Führungspersönlichkeit sollte also ein breites Repertoire an verschiedenen Führungsverhaltensweisen zur Anwendung bringen können.

Entscheidend ist das Führungsverhalten, das im gegebenen Kontext angesichts einer konkreten Situation und unter Berücksichtigung der beteiligten Menschen am besten geeignet ist, die erwünschten Resultate zu erzielen.

Kollaborativ führen

Der Begriff »kollaborativ« setzt sich zusammen aus dem lateinischen »co« für »zusammen« und dem lateinischen Wort für »arbeiten« (»laborare«) und meint »zusammenarbeiten« – dass dies im agilen Team gelingt, dafür trägt die Führungspersönlichkeit die Verantwortung, der sie mit dem menschlich-agilen Ansatz gerecht zu werden versucht. Ein starkes Team mit eigener Teampersönlichkeit und dezidierter Wir-Kultur, das aus einer Vielzahl starker Ichs, Menschen und Persönlichkeiten besteht, verlangt der Führungspersönlichkeit, die das Team zu fruchtbaren Ergebnissen führen will, einiges ab. Durch die oben beschriebenen situations- und personenangemessenen Verhaltensweisen kann meiner Erfahrung nach eine tiefe und wertschätzende Verbundenheit im Team entstehen – eine Verbundenheit, die die Teammitglieder animiert, nicht nur die eigenen, sondern darüber hinaus die Interessen der Kollegen und des Teams sowie des Unternehmens bei ihren Aktivitäten und Entscheidungen mitzudenken. Wer das Wir des Teams in den Blick nimmt, ist bereit, auch zu geben – nicht allein zu nehmen – und sich uneigennützig im Sinn der Teamentwicklung einzusetzen. Die Führungspersönlichkeit reflektiert ständig, wie sie mit ihrem situations- und personenangemessenen Verhalten dazu beitragen kann, dass die Teammitglieder auf Augenhöhe kommunizieren und gemeinsam Verantwortung für die Ergebnisse übernehmen.

Grundsatz 4: Team-Resilienz – die Kraft im Team nutzen

Während ich diese Sätze schreibe, diskutiert das politische Deutschland über den Teilrückzug der Politikerin Sahra Wagenknecht aus der Spitzenpolitik. Sie führt dazu vor allem Gesundheitsgründe an und stellt die Forderung auf: »Wir müssen menschlicher miteinander umgehen«. Damit ist auch gemeint, im (hier vor allem politisch aktiven) Team aufeinander Rücksicht zu nehmen und sich wertzuschätzen. Neben der Rundum-Verfügbarkeit, verstärkt durch die Digitalisierung und die neuen Medien, sowie der Dauerpräsenz in der Öffentlichkeit sind es wohl die gegenseitigen Anfeindungen in der Parteispitze, die die Politikerin zu dem Entschluss bewogen haben.

Mir geht es an dieser Stelle nicht um eine Bewertung dieser Entwicklung und der Entscheidung der Politikerin Sahra Wagenknecht, sondern darum, dass bei der Teamarbeit der menschliche Umgang gepflegt werden muss. Dazu gehört, dass die Führungspersönlichkeit die Widerstandskräfte und die Resilienz der Teammitglieder stärkt – das war bereits Thema im vierten Baustein. Außerdem stellt sich diese Frage auf der Teamebene: Wie gelingt es, Team-Resilienz aufzubauen? Die Führungspersönlichkeit reflektiert in diesem Kontext, was sie tun kann, um das Team insgesamt widerstandsfähiger zu machen, auch um es gegen negative Einflüsse von außen zu schützen.

Es geht einerseits um den Aufbau der individuellen Resilienz, die sich auf das einzelne Teammitglied bezieht. Und andererseits ist die Entwicklung organisationaler Resilienz wichtig, also der Team-Resilienz.

Wie bei einer Einzelperson, die eine bestimmte individuelle Energie-Tankstelle aufsucht, um den Akku regelmäßig aufzuladen, ist dies auch bei einem Team möglich: Das eine Team benötigt eine Pause und eine Phase der Ruhe und Besinnung, um zu regenerieren. Bei einem zweiten Team ist es zielführender, ihm eine konkrete Aufgabe zu übertragen, die bearbeitet und gelöst wird, um über diesen Weg neue Erfolgsenergie zu gewinnen. Das heißt: Die Team-Resilienz wird stabilisiert und optimiert, indem das Team Erfolgserlebnisse kreiert und so neue Widerstandskraft aufbaut. Und bei einem dritten Team ist es zielführender, wenn sich die Teammitglieder in einer Sitzung der identitätsstiftenden Verpflichtung vergewissern, dass sie sich für die Erreichung des nächsthöheren Ganzen engagieren wollen.

Wie es gelingt, die Team-Resilienz zu stärken, ist abhängig von dem Selbstverständnis und dem Selbstbild des Teams, von der Teampersönlichkeit. Dabei kann es durchaus sein, dass die Situation und der Kontext Beachtung finden müssen. Ich habe es erlebt, dass ein und dasselbe Team in der einen Situation eine Denk- und Handlungspause benötigte, in der nächsten eine konkrete Aufgabe und in der dritten jene Diskussion zur Selbstvergewisserung und zur Verpflichtung auf das nächsthöhere Ganze.

In diesem Kontext erinnere ich mich wieder einmal an eine Erfahrung und an eine Situation in meinem Leben als Judoka. Meine Sportkameraden und ich waren verzweifelt, wir standen gefühlt am sportlichen Abgrund, unser Team war damals lange Zeit ohne Sieg geblieben, ich selbst musste damit zurechtkommen, fast zwölf Monate lang keinen Kampf mehr gewonnen zu haben. Wer schon einmal Wettkampfsport betrieben hat, kann erahnen, was das bedeutet. Meine Niederlagenserie hatte vor allem mit der Umstellung bezüglich meiner Kampf- und Wurftechnik zu tun, aber die eigentliche Blockade war mentaler Art. Ich hatte das Gefühl, mich nicht mehr auf meinen Körper verlassen, ihm nicht mehr hundertprozentig vertrauen zu können. Sie wissen ja: Nach Boris Becker wird das »Match zwischen den Ohren gewonnen«. Unser Judolehrer hat uns damals auf der sportlichen und zugleich auf der mentalen Ebene aus dem Sumpf der ständigen Niederlagen herausgezogen. Zum einen intensivierte er das Training. Wie oft haben wir damals stundenlang immer wieder dieselben Bewegungen trainiert und wiederholt, tausend Mal dieselben Griffe geübt, bis sie uns wahrhaft in Fleisch und Blut übergegangen waren. Damals konnte man mich mitten in der Nacht wecken und aus dem Schlaf reißen: Ich hätte bestimmte Wurftechniken in vollendeter Perfektion ausführen können. Zugleich sorgte unser Judolehrer für Phasen der absoluten Entspannung und Ruhe fernab jeder stressigen Hektik, um uns den Druck zu nehmen. Und schließlich »fütterte« er unseren Geist mit positiven Affirmationen, übte mit uns also selbstbejahende Glaubenssätze ein, die wir wie ein Mantra ständig wiederholten und die uns dabei halfen, uns im Wettkampf voll und ganz auf den Gegner zu fokussieren. Dabei sollte jeder von uns in »seiner« Affirmation klar und eindeutig ein Ziel benennen, das wir erreichen wollten.

Wenn ein Team nicht die erwünschten Resultate liefert, versuchen viele Führungskräfte bei einzelnen Teammitgliedern anzusetzen, indem sie intensive Vieraugengespräche mit ihnen führen. Natürlich – das kann richtig sein und wird oft problemlösend wirken, genügt aber oft nicht. Zielführender ist es, in der Teamsitzung unter Beteiligung aller Teammitglieder darüber zu diskutieren, welche spezifischen Stärken das Team selbst entwickeln kann, um eine Problemlösung herbeizuführen. Die Führungspersönlichkeit achtet darauf, dass das Defizitdenken in dieser Phase der Teamentwicklung außen vor bleibt. Im Fokus steht vielmehr die Konzentration auf diejenigen Teamstärken, die zu substanziellen Verbesserungen verhelfen könnten. Die Beschäftigung mit den Schwächen sollte besser zu einem anderen Zeitpunkt erfolgen, nicht jetzt. Zu groß ist die Gefahr, in eine Negativspirale zu geraten. Team-Resilienz entsteht eher, wenn sich das Team seine Erfolgserlebnisse vergegenwärtigt, Lernchancen definiert und sich darauf besinnt, die dem Team innewohnenden Kräfte zu aktualisieren. Das Team sollte sich mithin seiner Selbstwirksamkeit bewusst werden und anhand konkreter Erfolgsbeispiele wahrnehmen, dass und wie es tatsächlich etwas bewirken und Ziele erreichen kann.

Aus gelungenen Teamaktionen gewinnt das Team das Selbstbewusstsein und Selbstvertrauen, das es benötigt, um die nächste Aufgabe mit Optimismus und Lösungskompetenz anzugehen. Es liegt in der Verantwortung der Führungspersönlichkeit, solche Selbstvertrauensprozesse in der Teamsitzung zu initiieren.

Natürlich spielt die Überzeugung, Fehler seien primär Lernchancen, auch beim Aufbau von Team-Resilienz eine Rolle. Resiliente Teams wissen, dass sie Fehler machen dürfen und müssen, wenn sie sich weiterentwickeln wollen – was dann wiederum zur Stärkung der Widerstandskräfte und zur Stabilität der Überzeugung führt, über eine hohe Selbstwirksamkeit zu verfügen und Dinge verbessern zu können.

Sechs entscheidende Denkanstöße für die Teamführung

Denkanstoß 1: Die Führungspersönlichkeit betrachtet das Team ähnlich wie einen Mitarbeiter, dem sie bei der Entwicklung seiner Kompetenzen und seiner facettenreichen Persönlichkeit Unterstützung zukommen lassen will.

Denkanstoß 2: Dabei weiß sie, dass das Team einen Entwicklungsprozess durchläuft und in jeder der Phasen eine spezifische Hilfestellung benötigt.

Denkanstoß 3: Jedes Team verfügt über eine Persönlichkeit, die sich aus zahlreichen Eigenschaften und Merkmalen zusammensetzt.

Denkanstoß 4: Bei der Teamzusammenstellung steht der Diversity-Aspekt im Fokus; so sind zum Beispiel stets Menschen aus mehreren Generationen und mit unterschiedlichen Persönlichkeitsprofilen vertreten.

Denkanstoß 5: Die Führungspersönlichkeit führt das Team situations- und personenangemessen.

Denkanstoß 6: Sie strebt den Aufbau von Team-Resilienz an.

Bisher stand die coachende Führungspersönlichkeit im Fokus, die das Team dabei unterstützt, Agilität zu entwickeln und die agile Teamarbeit voranzubringen. Allerdings: Es gibt auch Teams, deren Mitglieder in ihrer agilen Entwicklung sehr weit fortgeschritten sind und deren Agilitätsgrad sehr hoch entwickelt ist. Sie benötigen darum andere Impulse als den coachenden Ansatz. Hilfe zur Selbsthilfe im Rahmen des Leadership-Konzeptes ist nicht notwendig. Was bedeutet das für die Arbeit der Führungspersönlichkeit?

Baustein 6
Hoch entwickelte agile Teams ohne Machtbefugnis begleiten

 Kapitel-Check

Was Sie in diesem Kapitel erwartet

In hoch entwickelten agilen Teams, die gelernt haben, nach holokratisch-soziokratischen Prinzipien zu agieren, sollte die coachende Führungspersönlichkeit auf den Einsatz klassischer Führungsinstrumente und formaler Machtbefugnisse verzichten.

Ihr Nutzen

Sie erfahren, mit welchen Interventionen sie solche Hochleistungsteams begleiten können.

Die große triale Herausforderung

Im fünften Baustein haben Sie das Modell des »dualen Betriebssystems« von John Kotter kennengelernt. Die Grundaussage: Neben das traditionelle tritt ein innovatives, zweites Betriebssystem, das sich durch Agilität auszeichnet. In ihm entwickeln sich Strategien und Veränderungen mit hoher Dynamik, und zwar flexibel, schnell und innovativ, während das Kerngeschäft im ersten Betriebssystem stabil weiterläuft. Und bestimmt erinnern Sie sich noch an die (fiktive) Bereichsleiterin Brigitte Meyer, die ein »Tagesgeschäft«-Team und mehrere agile Kleinteams betreut. Ich begegne in meiner Eigenschaft als Berater von Unternehmen immer öfter Führungskräften – oder besser: coachenden Führungspersönlichkeiten –, die vor noch gewaltigeren Herausforderungen als Brigitte Meyer stehen. Immer öfter treffe ich auf Führende, die gleich drei verschiede Team-Arten führen müssen. Führung bedeutet dann, sich in drei verschiedenen Welten zu bewegen, in denen jeweils ein vollkommen anderes Führungsverständnis und eine gänzlich andere Führungshaltung vonnöten sind. Diese Führenden haben:

- zum einen mit Teams zu tun, die eher klassisch und traditionell geführt werden müssen, und
- zum anderen mit agilen Teams und
- drittens mit – so will ich es nennen – hoch entwickelten agilen Teams.

In Anlehnung an Kotter will ich von einem trialen Betriebssystem sprechen. Was bedeutet das konkret?

Die wichtigsten Merkmale der drei unterschiedlichen Teams
Die Arbeit mit klassisch-traditionellen Teams fällt den meisten Leitenden am leichtesten. Denn in einer hierarchischen Top-Down-Führung kommt es darauf an, einen klaren Auftrag umzusetzen und dabei die Synergieeffekte zu nutzen, die sich durch die Zusammenarbeit mehrerer Menschen ergibt. Die Führungskraft oder der Teamleiter arbeitet vorwiegend mit Weisung

und Kontrolle, die Führungskraft lässt den Teammitgliedern aber doch gewisse Freiräume. Auch in klassisch-traditionellen Teams partizipieren die Teammitglieder an Entscheidungen, sie haben ein Mitspracherecht – all dies geschieht jedoch auf einem eher bescheidenen Niveau. Ein Beispiel: Gerade im operativen Geschäft, in dem die Dinge schlicht und einfach funktionieren und getan müssen, ist diese Teamstruktur die genau richtige. Die meisten Erfolge der Unternehmen in der Vergangenheit haben mit dieser Teamstruktur zu tun, und es gibt Bereiche – und es wird sie immer geben –, in denen sie zu einer hohen Effizienz und Produktivität führt. Aus meiner Sicht werden die klassisch-traditionellen Teams immer ihre Daseinsberechtigung behalten.

Entscheidend für unser Thema, die Teamführung, ist, dass die Führungspersönlichkeit in klassisch-traditionellen Teams mit den etablierten Führungsinstrumenten arbeiten kann und darf und auch soll – auch, weil dies von den Teammitgliedern oft so erwartet wird. Dabei gilt:

Die Führungspersönlichkeit begegnet den Teammitgliedern im klassisch-traditionellen Team mit genau derselben Wertschätzung und Achtung wie den Menschen in den anderen Teams. Es geht nicht darum, dass das eine Team eine qualitativ bessere Arbeit leistet als das andere. Sie arbeiten aber unterschiedlich und müssen von der Führungspersönlichkeit anders und mit einem eher traditionellen Führungsverständnis geführt werden.

Kommen wir zum zweiten Teil der trialen Herausforderung – den agilen Teams. Das sind die Teams, um die es bisher in diesem Buch im Wesentlichen ging – also Teams, in denen die Teammitglieder gefordert sind, sich auf noch oft unbekanntes Terrain zu begeben und in agilen Teamstrukturen zu arbeiten. Solche Teams befinden sich oft in einer Übergangsphase, die durch Unsicherheit geprägt ist: Die Teammitglieder müssen erst lernen, selbst- und eigenverantwortlich und selbstorganisierend zu agieren und zu entscheiden. Die coachende Führungspersönlichkeit muss primär darauf achten, die Teammitglieder nicht zu überfordern und sie mit den neuen agilen Strukturen und Rollen Schritt für Schritt vertraut zu machen. Sie gibt Hilfe zur Selbsthilfe, letztendlich jedoch begleitet sie das Team immer noch als Entscheidungsinstanz. Ihre große Herausforderung besteht darin, die Teammitglieder auf dem Weg zum agilen Team mitzunehmen und die neuen agilen Prozesse, Abläufe, Methoden und Tools, ja, die agile Teamarbeit insgesamt vor allem in den Dienst der beteiligten Menschen zu stellen, um es den Teammitgliedern zu ermöglichen, sich langsam aber sicher in das neue Rollenverständnis einzufühlen.

Ganz anders sieht es in den Teams aus, die ich als hoch entwickelte agile Teams in Reinkultur bezeichnen möchte. Hier sind die agilen Erfordernisse zu hundert Prozent umgesetzt, hier ist der holokratische Ansatz »Führung ohne Führungskräfte« umgesetzt, hier bestimmen die Teammitglieder, wer in das Team aufgenommen wird und wer nicht. Das Team entscheidet über Gewinnausschüttungen und die Verteilung von Boni und darüber, ob ein Teammitglied getadelt wird oder eine Belobigung und Auszeichnung erhält. Das Mitspracherecht der Führungspersönlichkeit ist so gut wie aufgehoben, selbst in disziplinarischen Fragen obliegt die Entscheidung den Teammitgliedern. In allen Bereichen ist der Grad der Dezentralisierung extrem hoch. Sogar in Krisensituationen spricht niemand der Leitenden ein Machtwort – nein: Jedes Teammitglied wird am Krisenmanagement oder der Konfliktlösung beteiligt.

Hinzu kommt: In hoch entwickelten Teams verfügen die Teammitglieder über ein eigenes Investitionsbudget, über dessen Einsatz sie in freier Selbstverantwortung entscheiden. All dies gelingt, weil die Teammitglieder ihre Ego-Interessen hintanstellen und sich einzig und allein auf die Teaminteressen fokussieren. Die Teammitglieder sehen sich selbst als Experten in ihrem jeweiligen Fachgebiet, und das zu Recht. Es gelingt ihnen, eigenständig sinnvolle Entscheidungen zu treffen, die im Sinn des Teams, der

Abteilung und des Unternehmens sind. Das geht so weit, dass sie mitentscheiden, welche neuen Teammitglieder in das Team aufgenommen werden und welche nicht.

Agiles Recruiting (vgl. Gloger 2018) bedeutet, dass die Teammitglieder beim Bewerbungsprozess ein gewaltiges Wort mitsprechen. Sie legen fest, wer ihre künftigen Kollegen sind – die Führungskraft besitzt ein Mitspracherecht oder auch ein Vetorecht, wenn sie der begründeten Meinung ist, ein neues Teammitglied sei überhaupt nicht dazu geeignet, in dem Team mitzuarbeiten. Da »die Teams selbst am besten wissen, welche Qualitäten ihr neuer Kollege mitbringen soll, bestimmen sie die Inhalte der Einladung – nur Gestaltung und Organisation liegen in den Händen der Personalabteilung«, betont Gloger, der von einem »Recruiting-Marktplatz« spricht, auf dem die potenziellen neuen Teammitglieder sozusagen »angeboten« werden. Das sieht dann so aus: Ein möglicher Kandidat »wird in einer Datenbank gespeichert, auf die jede Abteilung und jedes Team des Unternehmens Zugriff hat. Benötigt ein Team einen weiteren Kollegen, kann es in dem Tool entsprechende Kandidaten auswählen und zu einem persönlichen Treffen einladen. So kann es sein, dass ein Bewerber von bis zu drei interessierten Teams kontaktiert wird.«

Der Chef oder die Führungspersönlichkeit spielt in dem Recruitingprozess entweder gar keine Rolle mehr oder eine nur sehr untergeordnete und eingeschränkte.

Die triale Führungsaufgabe: Mit drei unterschiedlichen Teams arbeiten

Versetzen wir uns kurz in die Situation einer Führungspersönlichkeit, die mit allen drei Betriebssystemen oder Team-Arten zu tun hat: Nachdem sie am Morgen kurz mit dem klassisch-traditionellen Team einige Punkte durchgesprochen und einige Anweisungen für den Tag gegeben hat, muss sie sich am späten Vormittag mit dem Teammitglied eines agilen Teams zusammensetzen, das sich in der Erprobungsphase befindet. Das Teammitglied hat zuvor mehrere Jahre als Teamleiter gearbeitet und sieht sich jetzt mit der Tatsache konfrontiert, seine Rolle als Leiter aufgeben und eine andere Rolle im Team übernehmen zu müssen. Der frühere Teamleiter hadert damit, aus seiner Sicht seine Daseinsberechtigung verloren zu haben. Die coachende Führungspersönlichkeit möchte im persönlichen Vieraugengespräch sondieren, welche Möglichkeiten genutzt werden können, die Situation zur Zufriedenheit des ehemaligen Teamleiters und im Sinne des Teams und des Unternehmens zu entschärfen.

In Unternehmen, die auf agile Teamarbeit und agile Methoden umstellen, sind solche Probleme nicht selten anzutreffen. Die Machtverhältnisse und formalen Strukturen ändern sich im Zuge der Enthierarchisierung oder lösen sich auf – damit müssen die betroffenen Menschen erst einmal klarkommen.

Nach der Mittagspause sucht unsere coachende Führungspersönlichkeit ein hoch entwickeltes agiles Team auf. Hier kann und darf sie nicht als Führungskraft auftreten und agieren, in dem holokratisch-soziokratisch organisierten Team sind alle hierarchischen Strukturen komplett aufgelöst. Jeder Versuch, auch nur mit dem leisesten Hauch einer Anweisung zu agieren, wäre zum Scheitern verurteilt und würde einen enormen Schaden anrichten, weil sich die Teammitglieder dagegen zur Wehr setzen würden und den Versuch, sie mithilfe formaler Macht führen zu wollen, nicht nur ablehnen, sondern geradezu abschmettern würden. Die von Führungskräften oft gehörte Überzeugung, die Mitarbeiter würden sich doch eigentlich klare Anweisungen wünschen, ist hier eine Illusion.

Für die coachende Führungspersönlichkeit stellt sich mithin die Frage, welche Verhaltensweisen sie im Umgang mit dem hoch entwickelten agilen Team an den Tag legen soll.

Mit Persönlichkeit und Argumenten überzeugen

Im hoch entwickelten agilen Team ist die coachende Führungspersönlichkeit ganz und gar auf sich selbst zurückgeworfen, denn die klassischen Führungsinstrumente stehen ihr ebenso wenig zur Verfügung wie formale Macht, mit der sie etwas durchsetzen könnte. Ihr Ziel ist auch nicht, die Teammitglieder dabei zu unterstützen, in die neuen Rollen hineinzufinden, denn in solchen Teams haben die Teammitglieder eine derartige Unterstützung nicht nötig. Entscheidend ist vielmehr, dass sie als authentische und glaubwürdige Persönlichkeit zu überzeugen weiß, um so eine natürliche Autorität aufzubauen. In diesem Zusammenhang erinnere ich an den Psychoanalytiker Erich Fromm, der zwischen »Autorität haben« und »Autorität sein« unterschieden hat. Demnach (vgl. Fromm 2018) deuten die Wörter »Haben« und »Sein« auf zwei verschiedene Existenzweisen hin: Wer Autorität hat, dem ist Autorität verliehen worden oder er hat sie sich selbst verliehen oder angeeignet. Eine Führungspersönlichkeit mit Autorität hingegen ist dies aufgrund ihrer Wesensmerkmale und Persönlichkeitseigenschaften. Ihr gelingt es, auch mithilfe ihrer Kompetenzen, ihres Engagements und ihrer Erfolge und Erfahrungen, ihrer Überzeugungen und ihrer Haltung Autorität aufzubauen und in der Wahrnehmung der Menschen Autorität zu gewinnen. Erich Fromm schreibt dazu:»Autorität, die im Sein gründet, basiert nicht nur auf der Fähigkeit, bestimmte gesellschaftliche Funktionen zu erfüllen, sondern gleichermaßen auf der Persönlichkeit eines Menschen, der ein hohes Maß an Selbstverwirklichung und Integration erreicht hat. Ein solcher Mensch strahlt Autorität aus, ohne drohen, bestechen oder Befehle erteilen zu müssen; es handelt sich einfach um ein hoch entwickeltes Individuum, das durch das, was es ist – und nicht nur, was es tut oder sagt – demonstriert, was der Mensch sein kann.«

Eine Führungspersönlichkeit ist aufgrund ihres Seins und ihrer Persönlichkeit eine Autorität, ohne autoritär zu sein. So gelingt es ihr, auch ohne formale Macht im holokratisch organisierten Team Einfluss auszuüben und von den Teammitgliedern anerkannt zu werden.

In einem Konfliktfall etwa kommt der Meinung der Führungspersönlichkeit genau derselbe Stellenwert zu wie der Ansicht eines jeden anderen Teammitgliedes. Ein bloßes Neinsagen genügt dabei nicht mehr – vielmehr muss sie, wie alle anderen Teammitglieder auch, ihr Nein und ihre Einwände detailliert begründen und versuchen, im argumentativen Dialog Anhänger für das Nein zu finden. Falls sie jemanden überzeugen möchte, muss sie primär auf die Überzeugungskraft setzen, die ihr aufgrund ihrer Persönlichkeit erwächst, also auf die Wirkung, die sie als Persönlichkeit ausstrahlt. Ihr Ziel sollte sein, als Autorität akzeptiert zu werden, ohne autoritär zu sein. Sie vertraut dabei ganz der Selbstbestimmungsenergie der Teammitglieder, denen sie es zutraut, Herausforderungen eigenständig zu bewältigen. Es geht ihr dabei fast wie einem deutschen Bundespräsidenten: Ohne formale Macht und ohne Befugnisse ausgestattet, muss sie allein durch die Stärke ihres Wortes, durch ihre kommunikativen Kompetenzen überzeugen.

Die Führungspersönlichkeit als Moderator

Hilfreich ist es, wenn in der Zusammenarbeit mit hoch entwickelten agilen Teams auf Begriffe wie »Führungskraft« verzichtet werden könnte, weil solche Bezeichnungen immer auch eine Leitungsfunktion beschreiben. Die Mitglieder solcher Teams lehnen solche Begriffe als Ausdruck des veralteten und überkommenen Denkens in Hierarchien meistens ab – darauf sollte die Führungspersönlichkeit Rücksicht nehmen. Besser ist es, in diesem Zusammenhang von einem Moderator oder Coach zu sprechen, der Teamprozesse begleitet und unterstützt. Wichtig ist, dass die Führungspersönlichkeit jedes Teammitglied grundsätzlich als Experten seines jeweiligen Fachgebiets vorbehaltlos anerkennt. Jeder Anschein, das klassische Führungskraft-Mitarbeiter-Verhältnis wäre noch Bestandteil der Führungs-DNA der Führungspersönlichkeit, sollte vermieden werden.

Dies gelingt am besten, wenn Sie in konkreten Situationen Ihren Willen und Ihre Bereitschaft, als »Gleicher unter Gleichen« zu agieren, unter Beweis stellen, etwa in Entscheidungsprozessen, in denen Sie nun dasselbe Stimmrecht haben wie die anderen Teammitglieder. Meiner Erfahrung nach entscheidet sich vorrangig in Entscheidungsprozessen und im Konfliktfall, ob es ein Unternehmen wirklich ernst meint mit der Erklärung, auf agile Teamarbeit und agile Methoden umzustellen.

In hoch entwickelten agilen Teams mit holokratischen Strukturen, in denen auf Führung verzichtet wird, werden die Mitarbeiter nicht länger von einem Chef bewertet, sondern von den Kollegen. Auch bei der Einstellung neuer Mitarbeiter und dem Recruiting neuer Teammitglieder wird von der coachenden Führungspersönlichkeit ein Umdenken erwartet. Wir haben ja bereits gesehen, dass die Teams im Rahmen des agilen Bewerbungsprozesses über ein Mitspracherecht verfügen. Die Entscheidung für oder gegen einen Bewerber liegt auch in den Händen der Teammitglieder.

Es liegt auf der Hand, dass Sie sich intensiv damit auseinandersetzen sollten, ob Sie in der Lage zurück ins Glied zu treten und die Teammitglieder als gleichberechtigte Kollegen zu akzeptieren – zumal dann, wenn Sie als triale Führungspersönlichkeit mehrere Teams zugleich betreuen und morgens und am Vormittag noch ein klassisch-traditionelles Team und eine Truppe begleitet haben, die sich erst noch auf dem Entwicklungsweg zum agilen Team befindet.

Sind Sie für die triale Herausforderung gewappnet?

Wie ist es um Ihre Eignung bestellt, agile Teams ohne formale Macht zu führen?

- Verfügen Sie im Umgang mit dualen und trialen »Betriebssystemen« über Erfahrungen?
- Welche Probleme traten dabei auf? Wie haben Sie sie gemeistert? Ist es notwendig, dass Sie Ihre diesbezüglichen Kompetenzen erweitern?
- Sind Sie in der Lage, Ihre Rolle als Führungskraft und/oder Führungspersönlichkeit abzulegen und in der Teamarbeit ausschließlich als Moderator und Coach zu agieren?
- Können Sie Entscheidungsbefugnisse zu hundert Prozent an das Team abgeben?
- Ist es Ihnen möglich, sich bei der Einstellung neuer Mitarbeiter und Teammitglieder sowie im Recruitingprozedere vollkommen aus dem Prozess herauszuziehen?
- Sind Sie in der Lage, die Lösung von Konflikten den Teammitgliedern zu überlassen?

Informelle Chefs im hoch entwickelten agilen Team

Es wäre blauäugig und naiv, anzunehmen, in einem holokratischen Team komme es nun überhaupt nicht mehr zu formaler Machtausübung. Meiner Beobachtung gibt es auch in hoch entwickelten agilen Teams Teammitglieder, die sich als informelle Chefs etablieren. Es handelt sich dabei meistens um Personen, denen etwa aufgrund ihrer Erfahrungen, ihrer Persönlichkeit und ihrer natürlichen Autorität mehr Entscheidungskompetenz zugestanden als den anderen Teammitgliedern. Oft wird dies von diesen Personen gar nicht aktiv angestrebt – die anderen Teammitglieder »verleihen« ihnen diese Autorität.

Hilfestellung bietet dabei das Rangdynamik-Modell (»rangdynamisches Positionsmodell«) des österreichischen Psychotherapeuten, Psychoanalytikers und Psychiaters Raoul Schindler. Demnach bilden sich in jedem Team nach einer gewissen Zeit gewisse Rollen heraus. So gibt es nach Schindler stets eine Führungspersönlichkeit, zu der sich eine Gefolgschaft herauskristallisiert, und einen Skeptiker. Er kam »zu dem Schluss, dass dieses Modell immer funktioniert, egal ob in Schulklassen, Freundeskreisen, Familien, Gruppentherapiesitzungen oder Arbeitsgruppen in Unternehmen.« Das Modell »besagt, dass in Gruppen ab drei Personen immer drei bis vier unterschiedliche Positionen besetzt sind.« (Die Projektmanager 2019)

Es kommt mir gar nicht auf die konkrete Ausgestaltung der Positionen an, sondern vor allem auf den Hinweis, dass sich selbst im holokratisch-soziokratischen Team, in dem es per Definition eigentlich keine Hierarchien geben dürfte, Positionen ausbilden. Wenn Sie als Führungspersönlichkeit also mit einem hoch entwickelten agilen Team zusammenarbeiten, sollten sie dies bedenken. Mit anderen Worten: Es ist für Sie von Bedeutung, anzuerkennen, dass es selbst im hoch entwickelten holokratischen Team solche informellen Anführer gibt. Für coachende Führungspersönlichkeiten ist es wichtig, solche Personen zu identifizieren und mit ihnen zu kooperieren. Das betont auch Ilga Vossen, die im Rahmen einer Studie festgestellt hat: »Durch den Abbau formaler Hierarchien gewinnen informelle Netzwerke eine quasi offizielle Bedeutung. Die gab es zwar schon immer, etwa als Tratschrunden an der Kaffeemaschine. Nun versucht man, diese Netzwerke gezielt zu nutzen, um schneller zu werden und Projekte voranzubringen. Man kann sagen, dass formale Hierarchien durch informelle ersetzt werden.« (Vgl. Reimann 2017: 21)

Als coachende Führungspersönlichkeit sollten Sie prüfen, ob es im hoch entwickelten agilen Team informelle Chefs und Netzwerke gibt und mit diesen kooperieren.

Menschen wertschätzen und mögen

Ganz gleich, ob Sie nun ein klassisch-traditionelles Team, ein agiles Entwicklungsteam oder ein hoch entwickeltes Team begleiten: Ein grundsätzlich positives Menschenbild, das darauf hinausläuft, den Menschen wertzuschätzen und ihnen etwas zuzutrauen und ihnen zu vertrauen, ist unerlässlich. Wer Menschen mag und jeden Menschen in seinem individuellen So-Sein achtet, dem fällt es leichter, je nach Bedarf mit Anweisungen oder mit Überzeugungsenergie oder mit der Kraft seiner Persönlichkeit zu wirken.

Die Fähigkeit zur Wertschätzung und Empathie sind beste Voraussetzungen, um im hoch entwickelten agilen Team anerkannt zu werden. Wenn Sie bereit sind, mit Offenheit und Vertrauen auf die Teammitglieder zuzugehen, wächst die Wahrscheinlichkeit, dass die Mitarbeiter Ihnen dies mit gleicher Münze zurückzahlen. Denn es gilt:

Wie Sie in den Wald hineinrufen, so schallt es heraus. Wie Sie jemanden behandeln, so reagiert dieser darauf. Wie Sie in das Team hineinwirken und mit den Teammitgliedern interagieren, so schallt es heraus.

Meine Erfahrung ist: Coachende Führungspersönlichkeiten, die in hoch entwickelten agilen Teams ohne formale Macht und ohne Befugnisse agieren, kommen mit der Situation am besten zurecht, wenn sie die neue Herausforderung nicht als Belastung definieren, sondern der Aufgabe als Moderatoren mit Neugier, Interesse und Offenheit begegnen. Zudem sollten sie den Mut zum Experimentieren aufbringen und in der Lage sein, sich auf Situationen einzulassen, deren Ausgang ungewiss und offen ist. Wichtig ist überdies, dass sie bereit und engagiert sind, bei der Weiterentwicklung der Potenziale aller Mitarbeiter mitzuwirken und diese uneigennützig bei der Potenzialentfaltung zu unterstützen – die Mitarbeiter belohnen es, wenn sie spüren und wissen, dass die Führungspersönlichkeit ihnen als Moderator und Coach helfen will, ohne einen unmittelbaren persönlichen Nutzen vorauszusetzen. Und zu guter Letzt: Sie sollten willens sein, die Teammitglieder in ihrem Streben nach lebenslangem Lernen und permanenter Weiterentwicklung zu unterstützen.

Vier entscheidende Denkanstöße für die Teamführung

Denkanstoß 1: Die triale Herausforderung besteht darin, klassisch-traditionelle Teams, agile Teams und hoch entwickelte holokratische Teams parallel zu begleiten.

Denkanstoß 2: Eine coachende Führungspersönlichkeit sollte über die Kompetenz verfügen, sich bei der Begleitung des hoch entwickelten agilen Teams vollkommen von ihrer Führungsrolle zu verabschieden.

Denkanstoß 3: Entscheidend ist die natürliche Autorität: mit Autorität führen (= eine Autorität sein), ohne autoritär zu handeln.

Denkanstoß 4: Um ihre traditionelle Führungsrolle loslassen und verlassen zu können, sollte die Führungspersönlichkeit über ein wertschätzendes Menschenbild verfügen und Mitarbeiter aus tiefstem Herzen vertrauen können.

Damit die Führungspersönlichkeit den Ansatz des menschlich-agilen Leaderships umsetzen und Teams entsprechend führen kann, benötigt sie ein spezifisches Mindset. Welche agilen Instrumente sollte dieses Mindset umfassen? Entscheidend ist die Beantwortung der Frage: Wie lassen sich die agilen Instrumente humanisieren?

Agile Methoden und Tools in den Dienst der Menschen stellen

 Kapitel-Check

Was Sie in diesem Kapitel erwartet

Eine coachende Führungspersönlichkeit setzt die agilen Methoden so ein, dass diese von den Menschen auch angenommen und umgesetzt werden können.

Ihr Nutzen

Sie erfahren, wie Sie agile Tools zielorientiert in Ihre Teamarbeit einbauen.

Agile Überforderung vermeiden

In allen mir bekannten agilen Ansätzen zur Teamentwicklung spielt die Selbstorganisation eine wichtige Rolle. Ob Soziokratie, Holokratie oder das Konzept von Frederic Laloux zur Gestaltung evolutionärer sinnstiftender Formen der Zusammenarbeit in Organisationen und Unternehmen: Immer geht es darum, Hierarchien abzubauen und abzuflachen, den beteiligten Menschen mehr Eigen- und Selbstverantwortung zuzutrauen und zu übertragen und mehr demokratische und partizipative Strukturen in den Unternehmen zu verankern. Die hat weitreichende Konsequenzen: Die Teammitglieder, aber auch die Führungskräfte werden mit Strukturen, Arbeitsformen und Methoden konfrontiert, die vollkommen neuartig für sie sind und sie zuweilen zu überfordern drohen. Ich erinnere nur an den bereits zitierten Geschäftsführer der Heermann Maschinenbau GmbH im schwäbischen Frickenhausen. Markus Bleher äußert sich zur agilen Transformation im Maschinenbau so: »Wir haben mit der agilen Methodik so begonnen, wie es in der Literatur empfohlen wird. Es gab auch Boards und viele bunte Zettel. Wir haben aber relativ schnell erkannt, dass wir es so machen müssen, wie es zu uns passt. Denn bei der Agilität steht der Mensch im Mittelpunkt, also auch unsere Mitarbeiter. Und daher muss es ja zu unserer Kultur passen.« Auch ich habe bei der Implementierung agiler Teamarbeit in den Unternehmen immer wieder festgestellt, wie wichtig und unerlässlich es ist, die Menschen kulturell, sprachlich und auch auf der operativen Ebene mit ins agile Teamboot zu holen.

Wenn ich mich zum Beispiel mit den Vorschlägen von Frederic Laloux zur Gestaltung evolutionärer sinnstiftender Formen der Zusammenarbeit in Organisationen und Unternehmen beschäftige, kann ich mich nicht des Eindrucks erwehren, dass sie viele Menschen überfordern. Die Praxisausrichtung dieser Vorschläge lässt zu wünschen übrig. Julia Culen gibt zu bedenken, dass in agil-digitalen Zeiten Mitarbeiter zuweilen überschätzt werden: »Lange Zeit wurden die Kapazitäten und Potenziale der Mitarbeiter unterschätzt – nach dem Motto ›Denen muss man alles vorkauen und sie kontrollieren«. In der Diskussion um die Selbstorganisation machen wir jetzt den gleichen Fehler andersherum: Wir überschätzen die Fähigkeit und Neigung von Menschen zu innovativem und vor allem unternehmerischem Denken. Aber nicht jeder hat das Unternehmer-Gen (…). Trotzdem bleibt es klug, Menschen die Möglichkeit zu geben, sich einzubringen. Aber man muss es nicht von allen und zu allem erwarten. Und gerade die New-Work-Enthusiasten müssen aufpassen, dass sie nicht zu sehr von sich auf andere schließen.« (Culen 2018: 48)

Laloux selbst gibt zu bedenken, dass seine Vorstellungen zur »integralen Organisationsentwicklung« so neu, innovativ und ungewöhnlich sind, dass wir noch gar nicht in der Lage seien, alle Implikationen und Folgeerscheinungen zu verstehen. Laloux entwirft eine großartige Vision von Unternehmen, in denen Menschen selbstbestimmt, selbstorganisiert und eigenverantwortlich arbeiten und in denen das Streben nach Wachstum und Marktanteilen nur dann als wichtig erachtet werden, solange sie zur Verwirklichung des Sinnes eines Unternehmens beitragen. »Gewinn« ist in dieser Vorstellungswelt nur eine unwichtige Kennzahl, denn er wird sich von selbst einstellen, sobald »das Richtige« getan wird. Die Führungskräfte und Mitarbeiter im Laloux'schen Sinn streben keine Macht an, sie wollen auf eine Art und Weise am und im Unternehmen arbeiten, dass es »seine Aufgabe in der Welt« wahrnehmen und verwirklichen kann. Das Prinzip der Selbstorganisation ist in solchen Unternehmen auf allen Ebenen erfüllt. Zum Beispiel entsteht eine Unternehmensstrategie »organisch aus der kollektiven Intelligenz der selbstführenden Mitarbeiter«. So etwas wie ein Veränderungsmanagement ist überflüssig, weil sich die Organisationen »ständig von innen anpassen«. Ein weiteres Beispiel: Zulieferer werden nicht nach Preis und Qualität ausgewählt, sondern »nach ihrer Übereinstimmung mit dem Sinn« einer Organisation. (Vgl. Laloux 2015: 222 ff.)

Um nicht missverstanden zu werden:

Laloux' visionäre Vorstellungen sind faszinierend. Das Problem ist aus meiner Sicht, dass sie – wie auch soziokratische und holokratische Ideen – in einigen Unternehmen umgesetzt werden und eingeführt wurden, ohne die Menschen entsprechend darauf vorbereitet zu haben. Es fehlt an transparenter Transformation.

Agile Methoden beherrschen

Als coachende Führungspersönlichkeit benötigen Sie zum einen die richtige Haltung und Einstellung. Sie vertrauen den Mitarbeitern im Team und trauen ihnen etwas zu. Jeder einzelne Mitarbeiter wird nicht als funktionales Mittel zum Zweck begriffen, sondern in seiner Individualität und Einzigartigkeit und mit all seinen Bedürfnissen, Stärken und Schwächen wahrgenommen. Die Fähigkeit zur Selbstorganisation wird nicht voraussetzungslos abverlangt. Denn Sie wissen, dass die meisten Menschen die Kompetenz zum eigenverantwortlichen Handeln erst einmal erwerben müssen. Und dann wird es immer auch Mitarbeiter geben, die gar nicht darauf drängen, selbstorganisiert zu arbeiten, sondern Anweisungen und klare Ansagen benötigen und wünschen. Diese Mitarbeiter benötigen eine andere Art der Führung als diejenigen, die zur Selbstorganisation fähig und willens sind.

Haltung und Einstellung sind das eine – die Beherrschung der entsprechenden agilen Methoden ist das andere. Doch daran hapert es zuweilen. Nicht jede Führungspersönlichkeit ist von vornherein in der Lage, die agilen Methoden angemessen einzusetzen. So kann es durchaus zur agilen Überforderung kommen, und zwar sowohl aufseiten der Führungspersönlichkeit als auch der Mitarbeiter. Dies zeigt ein Beispiel aus meiner Beratungspraxis in aller Deutlichkeit.

Die konsultative Einzelentscheidung im Praxiseinsatz

Um Entscheidungswege zu verkürzen und Entscheidungsprozesse zu beschleunigen, hatte ein Unternehmen dezentrale Entscheidungswege eingeführt. Die Entscheidungen sollten nicht an der Spitze der Hierarchie und zentral getroffen werden, sondern in ihren jeweiligen Aufgabenbereichen von den Mitarbeitern selbst. Voraussetzung war allerdings, dass ein Mitarbeiter – in dem konkreten Fall ging es um einen Abteilungsleiter – die von der Entscheidung betroffenen Personen konsultieren und deren Ratschlag einholen musste. Er sollte sich zudem mit den entsprechenden Experten beraten, dann aber selbst entscheiden. Dabei waren die Ratschläge der angehörten Experten und betroffenen Personen so weit wie möglich zu berücksichtigen und einzubeziehen. Es ging also um den Einsatz der agilen Methode der »konsultativen Einzelentscheidung«. Was bedeutet das?

Die konsultative Einzelentscheidung geht zurück auf den bereits zitierten Frederic Laloux, bei dem es heißt: »Prinzipiell kann jeder Mitarbeiter in der Organisation jede Entscheidung treffen. Davor muss sich dieser Mitarbeiter aber den Rat aller davon betroffenen Mitarbeiter und von Experten in Bezug auf das jeweilige Thema einholen. Der Mitarbeiter ist dann nicht verpflichtet, jeden Ratschlag anzunehmen oder einen wirkungslosen Kompromiss zu finden, der versucht, jedem Wunsch gerecht zu werden. Aber der Mitarbeiter muss sich Rat suchen und gründlich darüber nachdenken. Je größer die Entscheidung ist, desto weiter ist das Netz, das berücksichtigt werden muss – wenn nötig auch der Geschäftsführer oder der Vorstand.« (Laloux 2015: 100)

Die konsultative Einzelentscheidung wird weder aufgrund einer höheren, hierarchisch legitimierten Autorität noch als Kompromiss, bei dem die Gefahr droht, als fauler Kompromiss zu enden, gefällt. Sie hat auch nichts mit einem Konsens zu tun, bei dem es zur Verwässerung kommen kann, weil allzu viele Perspektiven Berücksichtigung finden müssen. Sie ist nicht verwandt mit einer Teamentscheidung, bei der alle Teammitglieder über dasselbe Stimmrecht verfügen. Die konsultative Einzelentscheidung wird von einer Einzelperson – oder von einer Gruppe, die als Entscheidungsinstanz auftritt – auf der Grundlage des fachlichen Austauschs mit den konsultierten Betroffenen und den Experten zum Thema getroffen.

Zurück zu dem Unternehmen in meinem Beispiel: Um das Vorhaben zu verwirklichen, wurde eine neuartige Meetingstruktur eingeführt, damit sich der Abteilungsleiter die Meinungen der Experten und betroffenen Personen in Ruhe anhören konnte. Der Abteilungsleiter hätte auch Einzelgespräche führen können – dies wurde verworfen, um die Transparenz des Verfahrens zu erhöhen: Alle Beteiligten sollten sich stets auf Augenhöhe begegnen können und über denselben Informationsstand verfügen. Ziel der Meetingstruktur war es, sich gegenseitig genau zuzuhören, Argumente auszutauschen und dabei jede rechthaberische Attitüde zu vermeiden. Jeder Anflug eines Machtkampfes oder Streits um die richtige Entscheidung sollte gar nicht erst auftauchen können. Der Abteilungsleiter sollte auf eine möglichst neutrale Art und Weise erfahren, welche Aspekte aus der Sicht der einzelnen Experten und betroffenen Personen beachtet werden mussten. Zentrale Erwartung war, dass sich das beste Argument oder die besten Argumente durchsetzen mögen.

Jetzt fragen Sie sich wahrscheinlich, ob diese Vorgehensweise auf der Basis des agilen Tools »Konsultative Einzelentscheidung« in dem Unternehmen zu den gewünschten Resultaten geführt hat. Ich muss Ihnen sagen: Es war ein ziemliches Desaster. Das lag aber nicht an der Methode und dem Tool an sich. Auch nicht an der grundsätzlichen Einstellung des Abteilungsleiters zu seinen Mitarbeitern, den Betroffenen und den Experten. Der Abteilungsleiter wollte sich grundsätzlich durchaus eine Meinung mithilfe der Mitarbeiter und Experten bilden und auf dieser Basis eine fundierte Entscheidung fällen. Probleme gab es, weil die beteiligten Personen mit dem Tool der konsultativen Einzelentscheidung nicht genug vertraut waren. Es kam zu den folgenden Problemen:

Der Abteilungsleiter hatte nicht klar definiert, welche Personen von der Entscheidung betroffen waren. Darum fehlten in dem Entscheidungsprozess wichtige Mitarbeiter und Experten, die der Abteilungsleiter hätte konsultieren und anhören müssen. Trotz seiner Grundhaltung des coachenden Führens: Dem Abteilungsleiter fiel es im Entscheidungsprozess schwer, sich zurückzunehmen und eher zuzuhören als zu handeln. Seine Aufgabe wäre es vor allem gewesen, im Meeting und im Gespräch Fragen zu stellen und sich allen Argumenten vorbehaltlos zu öffnen. Mit anderen Worten: Es gelang ihm nicht immer – sogar eher selten –, die Rolle des Abteilungsleiters zu verlassen und sich in die Rolle des Argumente sammelnden Zuhörers zu begeben. Er sagte zu mir: »Zuhören, abwägen – im normalen Führungsalltag ist das okay. Aber es ging doch um eine weitreichende Entscheidung. Da genügte es mir nicht, im Gespräch mit Mitarbeitern, Betroffenen und Experten einfach nur zuzuhören.« Das heißt: Es fehlte ihm an agiler Führungskompetenz.

In dem Meeting traten immer wieder Themen in den Vordergrund wie: »Wer hat denn nun recht – und wer nicht?« Zudem wurde des Öfteren diskutiert, ob die Experten ihre Argumente wertfrei oder wertneutral genug vortrugen oder ob sie nicht darauf abzielten, den Abteilungsleiter zu beeinflussen. Die beteiligten Mitarbeiter beschränkten sich im Meeting oft darauf, lediglich »Nein« zu Vorschlägen etwa von Kollegen zu sagen, ohne die ablehnende Haltung zu begründen. Jedoch: Die konsultative Einzelentscheidung basiert darauf, Argumente zu liefern und nicht etwas begründungslos zu verweigern.

Schließlich stellte sich heraus, dass es einigen Mitarbeitern schwerfiel, ohne die traditionellen hierarchischen Strukturen zu agieren. Sie kamen mit der neuen und ungewohnten Freiheit, eigenverantwortlicher als üblich zu agieren, nicht zurecht. Sie fühlten sich ohne die Einbettung in Orientierung und Stabilität garantierenden Strukturen unwohl und unsicher. Das Ergebnis waren endlose Diskussionen, in denen sich die Teilnehmer oft genug im Kreis drehten, ohne inhaltlich einen Schritt weiterzukommen.

Der Abteilungsleiter hat zwar eine Entscheidung getroffen, sie jedoch nicht vor den Beteiligten präsentiert und begründet. Die Mitarbeiter und Experten fühlten sich darum nicht genügend wertgeschätzt. Zudem konnten einige die Entscheidung nicht nachvollziehen. Die konsultative Einzelentscheidung verlangte von den Betroffenen und Experten, mit der Entscheidung des Abteilungsleiters zu leben. Die Experten waren davon ausgegangen, dass ihr Know-how und ihre Expertenmeinung bei der Entscheidung stärker berücksichtigt und in einen Kompromiss oder Konsens einmünden würden. »Warum hat man uns denn dann überhaupt gefragt ... Die Zeit hätten wir uns auch sparen und sinnvoller einsetzen können.«

Letztendlich waren weder der Abteilungsleiter noch die betroffenen Mitarbeiter und Experten noch die Geschäftsleitung mit den Ergebnissen zufrieden. Ich bin sicher: Mit hoher Wahrscheinlichkeit haben auch unternehmensinterne und unternehmensabhängige Faktoren dazu beigetragen, dass die konsultative Einzelentscheidung in dem Beispiel das vielleicht wichtigste Ziel einer agilen Vorgehensweise verfehlt hat: nämlich Prozesse und Abläufe zu beschleunigen, um flexibler auf Veränderungen und neue Herausforderungen reagieren zu können. Ebenso sicher aber bin ich: Neben den unternehmensinternen Aspekten zeigt das Beispiel, wie wichtig es ist, die Menschen auf den Einsatz agiler Strategien, Techniken und Methoden intensiv und konsequent vorzubereiten und bei der digitalen Transformation mit bestmöglicher Transparenz zu agieren.

Diese Vorbereitung sollte nicht im Rahmen eines wichtigen Entscheidungsprozesses erfolgen. Zielführender ist es, die neuen agilen Methoden und Tools wie die konsultative Einzelentscheidung im Rahmen eines zeitlich und inhaltlich überschaubaren Pilotprojektes einzuüben. So wird ein Lernprozess angestoßen, bei dem die Menschen die Vorgehensweise Schritt für Schritt kennenlernen und erlernen und erste Erfahrungen sammeln können.

Die in dem Pilotprojekt zu treffenden Entscheidungen dürfen keine Aspekte betreffen, die das Überleben des Unternehmens betreffen oder gar dessen Existenz gefährden.

Es ist kontraproduktiv, wenn die Beteiligten komplexe agile Tools einsetzen, ohne dass sichergestellt ist, dass sie dieses Tool genau kennen und aus dem Effeff beherrschen. Und darum gilt: Wer mit agilen Methoden Zeit sparen will, muss zunächst einmal Zeit investieren, um den Umgang mit den Tools zu trainieren.

Ich kenne viele Führungskräfte und auch Teamleiter, die es lieben, ihre Teammitglieder erst einmal ins agil-kalte Wasser zu werfen, sie also neue Tools und Techniken ausprobieren lassen. Ich bin allerdings der Meinung, dieser Weg ist der falsche. Es ist zielführender, sich intensiv mit einer Methode zu beschäftigen und sie von Grund auf zu erlernen, bis ihre korrekte und damit auch erfolgreiche Anwendung sichergestellt ist. Wahrscheinlich bin ich durch den Judosport so geprägt worden, denn im Sport im Allgemeinen und beim Judo im Speziellen ist es kontraproduktiv, sich ohne die vollendete Beherrschung der entsprechenden Techniken in den Wettkampf zu stürzen. Beim Judo ist die angemessene und ausbalancierte Kombination aus Kraft, Konzentration, Ausdauer, Technik, Geschwindigkeit und mentale Stärke für Sieg oder Niederlage entscheidend. Zudem sollte ein Fünkchen Intuition hinzukommen, das Bauchgefühl macht oft den Unterschied. All diese Faktoren sollten in Balance stehen und im Training möglichst zur Perfektion entwickelt werden. Denn innerhalb des Bruchteils einer Sekunde entscheidet sich, ob der Gegner oder ich auf der Judomatte und dem Rücken landet. Dilettantismus und Dilettanten haben es naturgemäß schwer, sich auf der Tatami durchzusetzen. Und das gilt auch für das agile Team.

Die Menschen mit den agilen Methoden und Tools vertraut machen

Was hätte in dem Beispiel mit dem Abteilungsleiter anders laufen sollen und können? In diesem Zusammenhang möchte ich ein großes Wort wagen und von der »Humanisierung« der agilen Teamarbeit sprechen. Was ist damit gemeint? Der Einsatz und die Anwendung agiler Tools muss von den beteiligten Menschen her gedacht und der professionelle Umgang sollte mit ihnen trainiert werden. Das setzt voraus, sich im Vorfeld des Einsatzes eines Tools zu verdeutlichen, welche Problemstellungen auftreten könnten und wie sie sich lösen lassen. Dass die Menschen in soziokratisch und holokratisch organisierten Teams, die ohne Führungskräfte oder zumindest mit flacheren Hierarchien selbstorganisierend und höchst eigenverantwortlich arbeiten sollen, darauf vorbereitet werden müssen, liegt auf der Hand und fand im ersten Kapitel bereits Erwähnung. Coachings, Seminare, Trainings und Einzelgespräche sind notwendig, um die Mitarbeiter entsprechend vorzubereiten. In dem Beispiel hätten die Experten lernen müssen, was es heißt, das Experten-Ego zurückzustellen und sich primär als Informationslieferanten für den Entscheidungsprozess des Abteilungsleiters zu verstehen. Diesem wiederum hätte in einem Mentoring eine erfahrene Person nahebringen müssen, wie er für eine überschaubare Zeit die Funktion als Leiter für die Rolle des zuhörenden Entscheiders hätte hintanstellen können. Und den Mitarbeitern hätte schlicht und einfach mitgeteilt werden müssen, dass es bei dem Tool darum geht, sich argumentativ auszutauschen und Einwände stets mit Argumenten zu verknüpfen.

Selbstorganisation und Selbstverantwortung setzen voraus, dass die Beteiligten konstruktiv handeln. Bei Bedenken genügt es nicht, diese zu äußern, sie müssen einhergehen mit einem problemlösungsorientierten und in die Zukunft gerichteten Vorschlag. Die Mitarbeiter hätten mit der neuen und ungewohnten Freiheit, eigenverantwortlich zu agieren, in einem intensiven Lernprozess vertraut gemacht werden müssen.

Die Arbeit mit der konsultativen Einzelentscheidung trainieren

Vielleicht fragen Sie sich jetzt, wie es in jenem Unternehmen weitergegangen ist. Der Geschäftsleitung ist am Beispiel der konsultativen Einzelentscheidung klar geworden, dass alle Beteiligten auf den professionellen Umgang mit agilen Tools vorbereitet werden müssen. Zentral ist, die Bedürfnisse der Beteiligten zu berücksichtigen und die Anwendungen der Tools von den Erwartungen der Menschen her zu denken. Transparenz auf allen Ebenen ist eine unerlässliche Voraussetzung für gelungene Transformation. Geschäftsleitung, Führungskräfte und Mitarbeiter haben darum ihr agiles Know-how wie folgt erweitert: Alle beteiligten Personen sind in Workshops, Trainings und Coachings mit dem agilen Tool der konsultativen Einzelentscheidung vertraut gemacht worden. In Reflexions- und Diskussionsrunden konnten die Beteiligten Verständnisfragen stellen. Sie wurden zudem auf ihre jeweiligen Rollen speziell vorbereitet. Bereits im Training haben sie mithilfe kleiner Rollenspiele geübt, die konsultative Einzelentscheidung verantwortungsvoll zu nutzen.

Der Abteilungsleiter kann sich seitdem besser zurücknehmen und seine Vorgesetztenfunktion zurückstellen. Die Mitarbeiter verhalten sich konstruktiver und verknüpfen Einwände mit Lösungsvorschlägen. Die Experten sind in der Lage, ihre Rolle als »Zulieferer von Informationen« zu akzeptieren und wahrzunehmen. Der Abteilungsleiter ist überdies dafür sensibilisiert, bei der konsultativen Einzelentscheidung alle Betroffenen mit ins Boot zu holen: Er kann zum Beispiel genau definieren, wer von der Entscheidung betroffen ist. Und alle Beteiligten wissen, wie die Entscheidung abläuft, wer sie letztendlich trifft und welche Möglichkeiten der Einflussnahme die anderen Beteiligten haben – und damit auch sie selbst.

Damit nicht genug: Die Mitarbeiter, die Experten und der Abteilungsleiter werden jetzt genau gebrieft, welche Aufgaben, Rechte und Pflichten sie im Rahmen der konsultativen Einzelentscheidung haben. Bei einigen Mitarbeitern war es notwendig, in Vieraugengesprächen die Konsequenzen der Freiheit, eigeninitiativ und eigenverantwortlich zu agieren, zu besprechen.

Dabei ist man höchst individuell vorgegangen – Mitarbeiter, die dann gute Leistungen erbringen, wenn sie sich in hierarchisch geordneten Strukturen bewegen dürfen, erhielten entweder eine spezielle Schulung oder wurden aus der Maßnahme herausgenommen. Das heißt: Mitarbeiter, die von der Selbstorganisation vollkommen überfordert und dazu nicht willens und fähig sind, werden zur Teilnahme nicht gezwungen.

Der Abteilungsleiter ist nun derjenige, der die Entscheidung treffen muss. Darum wurde seine Entscheidungskompetenz im Coaching professionalisiert. Zudem lernte er, wie er seine Entscheidung vor dem Plenum präsentiert und begründet. Und weil es beim Einsatz der agilen Tools immer wieder zu Konflikten kommt, erhielten alle Beteiligten eine Ausbildung im sachlich-konstruktiven Umgang mit Widerständen, Kritik und Konflikten.

Das Vorgehen ist zeitaufwendig und komplex. Dabei betrifft es in dem Beispiel lediglich ein Tool, nämlich die konsultative Einzelentscheidung. Ideal ist es, wenn ein ähnliches Prozedere bezüglich jedes agilen Tools in Gang gesetzt werden kann. Immer geht es darum, Schritt für Schritt (ohne dass die Beteiligten überfordert werden):

- die beteiligten Menschen mit einem Tool bekannt und vertraut zu machen,
- den Nutzen des Tools zu erkennen und zu erläutern,
- die Führungspersönlichkeiten mit dem agilen Instrumentarium vertraut zu machen, sodass sie agile Führungskompetenzen entwickeln können, und
- die agile Kompetenz der Mitarbeiter zu erhöhen.

Lassen Sie uns anhand einiger weiterer Beispiele zeigen, wie es gelingt, ein agiles Tool zu humanisieren.

Gleichberechtigte Entscheidungen im Team treffen

Bei dem Tool »Teamentscheidungen« stehen dezentrale Entscheidungen im Fokus, die vom Team selbst getroffen werden. Auch hier tritt das Problem auf, dass manche Mitarbeiter an Entscheidungsprozessen gar nicht beteiligt werden wollen. Aufgrund ihrer Persönlichkeitsstruktur fällt es ihnen schwer, eine Entscheidung zu fällen, für die sie selbst die Verantwortung übernehmen müssen. Meistens haben sie Angst vor Fehlern. Dies wiederum kann mit der Unternehmenskultur in einem Zusammenhang stehen: Es existiert keine konstruktive Lernkultur, die es den Mitarbeitern erlaubt, Fehler machen zu dürfen und sie als Ausgangspunkt für Verbesserungsprozesse zu begreifen. Denkbar ist überdies, dass vielleicht sogar beide Aspekte eine Rolle spielen: die Persönlichkeitsstruktur der Menschen und die Unternehmenskultur.

Das bedeutet: Wenn Sie die Vorteile der agilen Methode der dezentralen Teamentscheidungen nutzen möchten, müssen Sie gegebenenfalls zunächst einmal die bereits erwähnte Lernkultur etablieren, bei der Fehler als unumgängliche, ja notwendige Resultate auf dem Weg zum Ziel definiert werden. Und Sie müssen sich darum kümmern, dass einzelne Mitarbeiter die Angst davor verlieren, im Rahmen des eigenverantwortlichen Arbeitens Fehler zu machen. Zudem ist es zielführend, eine Vorgehensweise für den Fall festzulegen, dass das Team zu keiner Entscheidung gelangt. Was also ist zu tun, wenn die Teammitglieder ergebnislos abstimmen und es zu keiner Einigung kommt? Wie reagieren, wenn das Team demokratisch abstimmt, sich aber keine Mehrheit findet? Ein paar Vorschläge dazu:

- Sie legen fest, dass die kompetenteste Person letztendlich die Entscheidung trifft – nicht aber die ranghöchste Führungskraft. Ein Prinzip agiler Methoden besteht darin, dass das beste Argument gewinnt. Argument schlägt Hierarchie, so das Motto. Die Entscheidung durch die ranghöchste Führungskraft würde dieses Prinzip ad absurdum führen.
- Es wird vorab ein Moderator bestimmt, dem das Team das Recht überträgt, im Fall der Fälle die Entscheidung zu treffen.

- Sie greifen auf ein wichtiges Element des soziokratischen Organisations-, Management- und Führungsansatzes zurück: Wenn ein Team zu keiner Einigung gelangt, sehen die soziokratischen Spielregeln vor, dass die Entscheidung in den nächsthöheren Kreis verlagert wird. Dieses Prinzip ist verwandt mit dem Subsidiaritätsprinzip: Es besagt, dass zunächst einmal versucht wird, auf einer Entscheidungsebene einen Konsens oder einen Kompromiss herbeizuführen – etwa auf der Ebene des Teams. Gelingt dies nicht, greift die nächsthöhere Instanz ein.
- Es gibt zudem die Option, einer Führungspersönlichkeit notfalls ein Vetorecht einzuräumen.

Ein Unternehmen kann es sich nicht erlauben, dass Prozesse und Abläufe verzögert werden, nur weil es nicht gelingt, eine Teamentscheidung herbeizuführen. Für diesen Fall ist es zwingend notwendig, eine ergebnisorientierte Vorgehensweise festzulegen und die Teammitglieder auf den verantwortungsvollen Umgang mit dem Tool »Teamentscheidungen« vorzubereiten.

Lean Management: Immer die Vorteile der Agilität aufzeigen

Kommen wir zu dem Beispiel »Lean Management«. Beim Lean Management werden schon seit vielen Jahren Methoden eingesetzt, die heute unter der Fahne »Agile Teamarbeit« firmieren, etwa Kanban, Kaizen und auch Scrum und Design Thinking. Verbindendes Element ist der Ansatz, Prozesse vom Kunden her zu denken. Die Erwartungen und Wünsche des Kunden sollen rasch und unmittelbar in die Produktionsprozesse einfließen, die ständige Verbesserung der Qualität im Sinne des Kunden stehen im Fokus. »Kaizen« beispielsweise heißt nichts anderes als »Veränderung zum Besseren«. Das flexible und agile Denken dient dazu, Optimierungen durchzuführen, die für den Kunden von Nutzen sind. Verschwendung aller Art sollen vermieden und letztendlich unmöglich gemacht werden. Lean Management ist also mehr als nur ein agiles Tool oder eine agile Methode, sondern eine Denkweise – aber eine agile Denkweise.

Svenja Hofert hat das Lean Management in ihre »agile Toolbox« aufgenommen, die insgesamt siebenundzwanzig Tools umfasst (vgl. Hofert 2018a: 198f.).

Als Lean Management in den Unternehmen immer öfter eingesetzt wurde, musste es sich mit dem – zuweilen gerechtfertigten – Vorwurf auseinandersetzen, es diene vor allem dazu, Prozesse zu verschlanken, indem die Personaldecke ausgedünnt wurde. Lean Management = Personalabbau, so lautet die Gleichung, die meiner Erfahrung nach zumindest ab und zu auch heute noch aufgestellt wird. Mittlerweile jedoch wird Lean Management in der Regel als Dienst am Kunden verstanden. Und Lean Leadership wird als dienende Führung definiert, die Mitarbeiter dazu bewegt, freiwillig Verantwortung zu übernehmen. Judith Claushues und Albert Hurtz betonen in ihrem Standardwerk zum Lean Leadership, dass ein Lean Leader seinen Mitarbeitern die Frage stellt: »Wie kann ich euch eure Arbeit erleichtern?« (Claushues/Hurtz 2017: 28) Zu wünschen ist, dass auch im Rahmen der agilen Teamarbeit die folgenden Fragen immer mehr Raum einnehmen: »Was kann die coachende Führungspersönlichkeit konkret tun, um die Teammitglieder so zu entlasten, dass sie ihre Arbeit besser erledigen können? Welche Hindernisse kann und muss sie ihnen aus dem Weg räumen?«

Viele Unternehmen, die mit den Methoden des Lean Management arbeiten, wenden auch das agile Projektmanagement an. Dabei haben sie Erfahrungen gesammelt, die ihnen beim Einsatz der agilen Teamarbeit nutzen. Der Grund: Wer schon einmal in einem Projekt mitgewirkt hat, bei dem in sogenannten Tagesgesprächen mithilfe von Visualisierungstechniken die Tagesarbeit geplant hat, wird sich bei der Nutzung agiler Tools leichter tun als derjenige, für den das Neuland ist.

Klar ist aber auch: In Unternehmen, in denen dies nicht der Fall ist und in denen die Mitarbeiter das agile und leane Projektmanagement nicht kennen, sollte es mithilfe der bereits genannten Prämissen eingeführt werden: Ohne die Beteiligten zu überfordern, wird es ihnen ermöglicht, die Techniken und Methoden des Lean Management kennenzulernen und sich die zur Anwendung notwendigen Kompetenzen Schritt für Schritt anzueignen.

> *Die Aufgabe der coachenden Führungspersönlichkeit besteht darin, die Unterschiede zu den traditionellen Vorgehensweisen zu erläutern. Zudem verdeutlicht sie den Mitarbeitern die persönlichen Vorteile, die die Anwendung des agilen Tools für sie hat.*

Das persönliche und individuelle Erleben der Vorteile von Lean Management und anderer agiler Tools »am eigenen Leib« hat sich als die beste Umsetzungsmethode erwiesen. Das Prinzip dabei: Eine Führungskraft oder ein Fachexperte weist die Mitarbeiter ein, unterrichtet und informiert sie und – das ist entscheidend! – steht bei Fragen sofort und unmittelbar zur Verfügung.

Dazu ein konkretes Beispiel (vgl. Claushues/Hurtz 2017: 100 ff.): Im klassischen Projektmanagement gibt es im Projektplan feste Meilensteine für die Projektschritte, die zurückgelegt werden sollen. Klassisches Projektmanagement ist stets linear strukturiert. Agiles Projektmanagement im Lean Management hingegen heißt, dass permanent Feedbackschleifen gefahren und zahlreiche Teilziele beschrieben werden. Ständig wird überprüft, ob zum Beispiel aufgrund von Äußerungen der Kunden, die an der Realisierung des Projekts beteiligt sind und so in den Prozess eingreifen können, Projektteilziele revidiert werden müssen und auf geänderte Rahmenbedingungen Rücksicht genommen werden muss. Die Anforderungen verändern sich ständig, die Projektmitarbeiter müssen flexibel reagieren und mit komplexen Changeprozessen umzugehen verstehen. Pointiert ausgedrückt: Das Projektteam muss jeden Morgen damit rechnen, dass es andere Anforderungen zu erfüllt hat – und nicht mehr diejenigen, die gestern noch galten. Was gestern noch richtig war, ist heute Makulatur – und morgen erst recht. Diese Herausforderung lässt sich nur stemmen, wenn es kurze Entscheidungswege und flache Hierarchien gibt und die Führungskraft bei Problemen direkt und unmittelbar eingreifen kann.

Es versteht sich von selbst, dass die Teammitglieder den Umgang mit solchen dynamischen Veränderungsprozessen erst einmal kennenlernen und einüben müssen. Es ist wichtig, ihnen die Zeit zu geben, sich daran zu gewöhnen. Teams, die jahrelang nach den Regeln des klassischen Projektmanagements gearbeitet haben, können nicht von heute auf morgen zu Meistern der agilen Vorgehensweise werden. Mehr noch als im klassisch-linearen Projektmanagement müssen beim agil-dynamischen Projektmanagement und im agilen Team die Ziele, Aufgaben und Rollen eines jeden Teammitgliedes definiert werden. Der Unterschied zum klassischen Projektmanagement: Im Rahmen der klaren Zielfestlegungen, Aufgabenverteilungen und Rollenzuweisungen genießen die Teammitglieder ein Höchstmaß an Freiheit, aber auch an Selbstverantwortung. Und eben darum ist es so wichtig, dass trotz aller flachen Hierarchien eine coachende Führungspersönlichkeit mit dabei ist, die bei Fragen und Problemen stets ansprechbar und verfügbar ist, um den Teammitgliedern die notwendige Sicherheit zu geben und für Stabilität zu sorgen.

Vom Umgang mit Design Thinking, Scrum, Tagesgespräch, Kanban und Co.

Die Arbeit mit agilen Tools hat mindestens zwei Aspekte: Zum einen sollten die Teammitglieder und Sie als coachende Führungspersönlichkeit die Denkweise und Geisteshaltung, die ein agiles Tool grundieren, verstehen und nachvollziehen können. Ob nun Stand-up-Meeting, Taskboard, Scrum, Kanban oder auch Design Thinking: Es geht so gut wie immer darum, agiler und flexibler zu agieren, kreativ, schnell und nachhaltig Probleme zu lösen sowie Prozesse rascher und dynamischer zu gestalten. Beim Design Thinking etwa sollen primär Kundenerwartungen, Kundenfeedbacks und Kundenwünsche sowie die Anforderungen auch anderer Stakeholder in Produktions- und Innovationsprozesse einfließen. Mit den »anderen Stakeholdern« sind neben den Kunden beispielsweise Lieferanten, Mitarbeiter und sogar Wettbewerber gemeint, aber auch Erwartungen, die aus Wirtschaft, Politik und Gesellschaft an ein Unternehmen herangetragen werden. Es geht darum, Innovationen zu kreieren und Prototypen zu entwickeln und zu designen, die den Erwartungen der Kunden und Stakeholder entsprechen.

Scrum ist eine agile Methode, bei der Teammitglieder bestimmte Rollen (etwa Scrum Master oder Product Owner) übernehmen und in bestimmten und genau definierten Zeitabschnitten Aufgaben zu absolvieren haben. Bei Scrum wimmelt es geradezu von Anglizismen wie etwa Development Team, Sprint Planning, Sprint Review und Sprint Retrospective oder auch Product Backlog, Sprint Backlog und Increment. Bei Scrum handelt es sich vor allem um eine effiziente und dynamische Kreativmethode, bei der bestimmte agile Visualisierungstechniken wie Kanban zum Einsatz gelangen, um Visionen zu kreieren, Prozesse zu optimieren, Abläufe zu strukturieren, die Kreativität und Effektivität in Teams zu steigern und Verschwendungen aufzuspüren und zu vermeiden.

Die agilen Visualisierungstechniken dienen der Kommunikation und Abstimmung zwischen den Teammitgliedern, aber auch zwischen den Abteilungen im Unternehmen, die darauf angewiesen sind, über die Fortschritte und Entwicklungen in anderen Bereichen genau Bescheid zu wissen. Die Informationen werden anschaulich, für alle sichtbar, präzise und meistens bildhaft und damit sehr gehirngerecht kommuniziert. Kanban etwa setzt im agilen Projektmanagement Kanban-Boards ein, bei denen mithilfe von Zetteln oder Post-its Informationen einprägsam, plastisch und lebendig transportiert werden. Denn klar ist: Wer im Projekt rasch und flexibel, kurz: agil unterwegs sein will und muss, ist darauf angewiesen, stets den Überblick über alle für das Projekt relevanten Entwicklungen zu haben. Man muss wissen, welche Fortschritte und Probleme es in den anderen Teams und Abteilungen gibt, mit denen man gemeinsam an einer Lösung arbeitet.

Zentrale Voraussetzung für den gelungenen Einsatz der agilen Tools und Methoden ist, dass die beteiligten Menschen zum einen deren Sinnhaftigkeit begreifen und sie zum anderen virtuos handhaben können.

Für beides ist die coachende Führungspersönlichkeit verantwortlich: Sie verdeutlicht praxis- und umsetzungsorientiert den Sinn und den Nutzen der Tools und macht die Mitarbeiter zugleich mit ihnen vertraut. Zudem sorgt sie dafür, dass diese die entsprechenden Schulungen besuchen.

Um konkret zu verbleiben, nehmen wir als Beispiel das Daily Meeting. Gemeint ist ein Tagesgespräch, bei dem Teammitglieder zu einem festen Zeitpunkt jeden Tag bestimmte Tätigkeiten besprechen, die im Rahmen etwa einer Projektarbeit vonnöten sind. Meistens findet das Daily Meeting zu Arbeitsbeginn und im Stehen statt. Es soll von Anfang an deutlich werden, dass man sich nicht zu einem gemütlichen Small Talk zusammensetzt, sondern ein kurzes und konzentriertes Arbeitstreffen anberaumt hat, in dem gewisse Dinge auf eine höchst effektive und effiziente Weise geklärt werden: Was hat jeder Teilnehmer am Tag zuvor geschafft, wie also ist der Stand der Dinge, was steht heute an, welche Hindernisse könnten eventuell auftreten? Ziel ist es, bereits jetzt vor Aufnahme der Tätigkeit die potenziellen Stolpersteine aus dem Weg zu räumen.

Klar ist: Agile Teams, die daran gewöhnt sind, sich zum Tagesgespräch zu versammeln, sind in der Lage, in höchstens zwanzig Minuten die To-dos des Tages abzuklären, auch wenn keine Führungskraft mit dabei ist. Ich kenne selbstorganisierte Teams, bei denen das Daily Meeting in nur fünf bis zehn Minuten zu den gewünschten Resultaten führt. Teams mit hohem Selbstorganisationsgrad haben im Laufe der praktischen Anwendungszeit die Kompetenz aufgebaut, sich ohne längere Diskussionen gegenseitig zu informieren und Tätigkeiten aufeinander abzustimmen. Wenn das Team aber noch nicht oder über wenig Praxiserfahrungen verfügt, muss die Führungskraft das Daily Meeting intensiv vorbereiten. Das heißt: Sie informiert sich im Vorfeld des Meetings, welche Stolpersteine es gibt, um eine Lösung zu präsentieren. Und sie arbeitet mit einer Agenda, also mit festen Tagesordnungspunkten, die ein rasches und stringentes Vorgehen im Daily Meeting erlauben.

Das Problem ist, das viele Mitarbeiter und Teammitglieder in einer uneffektiven Meetingkultur aufgewachsen sind. Klassisch-traditionelle Meetings und Konferenzen sind Zeitdiebe, Zeitverschwender und Energieräuber. »Du hast Zeit zu vergeuden? Dann veranstalte ein Meeting« – so denken viele. Der Kabarettist, Schauspieler und Schriftsteller Werner Finck soll gesagt haben: »Eine Konferenz ist eine Sitzung, bei der viele hineingehen und wenig herauskommt.«

Die Herausforderung für die coachende Führungspersönlichkeit besteht darin, gegen diese destruktive Meeting-Sozialisation anzukämpfen. Darum verdeutlicht sie den Teilnehmern, dass das Tagesgespräch nur dann erfolgreich verläuft, wenn der Small Talk außen vor bleibt und die effektive Kommunikation im Fokus steht.

Das Daily Meeting ist nicht dafür da, in ausufernde Diskussionen einzusteigen oder Konflikte auszutragen. Der strukturierte und sachliche Austausch von Informationen spielt die Hauptrolle. Das Daily-Meeting-Beispiel zeigt, dass agile Methoden, die funktionieren sollen, stets in den übergreifenden Kontext einer Haltung eingebettet sein müssen, die Agilität und Flexibilität ermöglicht. Eine disziplinierte Gesprächsführung etwa »ist nur möglich, wenn alle Teammitglieder mit den benannten Abweichungen, Störungen und Fehlern sachlich umgehen. Kommt es zu emotionalen Debatten über Fehler und die Suche nach Schuldigen, ist ein konstruktives Gespräch nicht mehr möglich. Deswegen gehört ein konstruktiver Umgang mit Fehlern zu den zwingenden Voraussetzungen für effektive Tagesgespräche« (vgl.

Claushues/Hurtz 2017: 84). Die bereits angesprochene Lernkultur, in der Fehler als Chance und Herausforderung begriffen werden, um sich zu verbessern, ist eine Voraussetzung für agiles Arbeiten. In agilen Teams melden Mitarbeiter Fehler ihrer Führungskraft gerne und mit Freude und Motivation, weil sie darin eine Möglichkeit zur Verbesserung erblicken.

Für das Daily Meeting gilt wie für alle anderen agilen Tools: Keine der Methoden kann und darf von heute auf morgen eingeführt werden. Aber gerade das wird erwartet und geschieht allzu oft. Aufgabe der coachenden Führungspersönlichkeit ist es, für die mitarbeiterorientierte und behutsame Implementierung der Tools und Methoden zu sorgen, sodass die Mitarbeiter folgen können.

Am Beispiel des Daily Meetings lässt sich veranschaulichen, was Sie bei der Implementierung eines agilen Tools beachten sollten: Fragen Sie sich, welchen Sinn und Zweck das Tool hat. Was wollen oder können Sie mit dem Daily Meeting erreichen? Welche Kompetenzen benötigen Sie, um das Tools effektiv und zielorientiert einsetzen zu können? Welche Kompetenzen müssen Sie aufbauen oder erweitern? Und auf welchem Kenntnisstand sind die Mitarbeiter bezüglich des Tools? Was ist notwendig, um diesen Kenntnisstand auszuweiten?

Danach sollten Sie den Nutzen und die Vorteile des Daily Meetings darstellen. Erläutern Sie die Vorgehensweise (etwa in einem Mini-Workshop), um das Tool anschließend einsetzen zu können. Aber Achtung: Steigen Sie nicht mit zu hohen Erwartungen ein. Das Daily Meeting dauert in der Startphase dreißig Minuten. Verringern Sie die Laufzeit des Daily Meetings sukzessive auf fünfzehn bis zwanzig Minuten. Wichtig ist: Gehen Sie nach jedem Tagesgespräch in die Analyse- und Verbesserungsphase: Was ist gut gelaufen, was nicht? Welche Verbesserungspotenziale lassen sich wie nutzen?

Vier entscheidende Denkanstöße für die Teamführung

Denkanstoß 1: Die coachende Führungspersönlichkeit vermeidet und verhindert bei der Implementierung agiler Strukturen und Tools jede Art der Überforderung der Mitarbeiter.

Denkanstoß 2: Entscheidend ist, die Teammitglieder Schritt für Schritt mit den agilen Tools und Methoden vertraut zu machen und sie die Vorteile und den Nutzen am eigenen Leib im Praxiseinsatz erleben zu lassen.

Denkanstoß 3: Es ist zielführend, die Implementierung eines Tools im Rahmen eines inhaltlich und zeitlich überschaubaren Projekts durchzuführen und es einzuüben und zu trainieren.

Denkanstoß 4: Die Teammitglieder sollen den virtuosen Umgang mit einer Methode erlernen. Es liegt in der Verantwortung der Führungspersönlichkeit, deren Sinnhaftigkeit zu verdeutlichen. Die Mitarbeiter sollen erkennen, dass der Einsatz eines Tools zur eigenen Weiterentwicklung und der des Unternehmens beiträgt.

Nicht immer kommt es darauf an, die Menschen im Team langsam, aber kontinuierlich mit den für sie neuen und ungewohnten agilen Tools und Methoden vertraut zu machen. Manchmal besteht die Herausforderung eher darin, etablierte Methoden, die bei der Teamführung notwendig sind, zu agilisieren, also mit mehr Schnelligkeit und Flexibilität auszustatten. Dies wird im nächsten Baustein am Beispiel der Konfliktlösung dargestellt.

Ohne klassische Methoden funktioniert agile Konfliktlösung nicht

 Kapitel-Check

Was Sie in diesem Kapitel erwartet

Ein Ziel von Agilität ist Schnelligkeit. Doch manche Situationen im Team – etwa die Konfliktlösung – erfordern ein Vorgehen, das auf Gelassenheit und Innehalten beruht.

Ihr Nutzen

Sie lernen, wie Sie den Widerspruch zwischen nachhaltiger Konfliktlösung und agilem Vorgehen auflösen – und trotzdem mehr Schnelligkeit in Ihre Konfliktlösungen bekommen, ohne dass deren Qualität leidet.

Der Widerspruch zwischen Agilität und Konfliktlösung

Bei allen unterschiedlichen Definitionen zur Agilität gibt es einen gemein-samen Nenner: Agilität – und auch agile Führung und agile Teamarbeit – stehen in einem Zusammenhang mit Schnelligkeit, Flexibilität und dem kreativen Umgang mit Veränderungen und Rahmenbedingungen, die sich ständig und rasch ändern. In schnelllebigen und disruptiven VUKA-Zeiten, in denen sich Geschäftsmodelle von heute auf morgen überlebt haben und sich Unternehmen oft neu erfinden müssen, ist die Fähigkeit zur raschen Anpassung eine existenzielle Voraussetzung für den unternehmerischen Erfolg. In manchen Führungssituationen jedoch führt die Notwendigkeit, rasch zu agieren, zu einem Dilemma: Einerseits will und muss die coachen-de Führungspersönlichkeit Menschen agil begleiten und dafür sorgen, dass die Mitarbeiter schnell und flexibel handeln können. Andererseits ist es zum Beispiel in Konfliktsituationen von entscheidender Bedeutung, ruhig und besonnen vorzugehen. Denn dann muss sie Konfliktsymptome erken-nen und einschätzen und die Konfliktursachen analysieren, um auf dieser Grundlage zu Konfliktlösungen zu gelangen, die die Leistungsenergie der Konfliktbeteiligten erhält oder sogar steigert. Und in solchen Führungs-situationen sind Schnelligkeit und rasche Veränderungen schlechte Rat-geber.

In vielen Unternehmen wird das Prinzip der Agilität, bei Herausforderungen dynamisch und möglichst in Echtzeit zu reagieren, auf die Lösung von Konflikten übertragen – und das führt zum Scheitern. Es ist oft kontraproduktiv, bei der Konfliktlösung agil zu agieren.

Konfliktbewältigung verträgt keinen zeitlichen Druck

In meiner Beratungstätigkeit als Coach und Trainer begegne ich in den Unternehmen oft konfliktären und komplexen Situationen, deren Lösung ein gemeinsames Durchatmen und Innehalten erfordert. Gewiss kennen Sie die Vielfalt der Konfliktursachen und Konflikttypen, die von Zielkonflikten und Beurteilungskonflikten über Machtkonflikte und Ressourcenkonflikte bis hin zu Beurteilungskonflikten und Strategiekonflikten reichen. Professionelle Konfliktmanager erforschen den Konflikttyp und bestimmen die Eskalationsstufe, auf der sich ein Konflikt befindet. Entscheidend ist es, die Interessen und die Positionen aller (!) Konfliktbeteiligten zu analysieren, um einen Kompromiss, einen Konsens oder, allgemein gesprochen, eine Lösung zu finden, durch die die Leistungsfähigkeit der Beteiligten und des Teams – oder gar der Abteilung und des gesamten Unternehmens – erhalten bleibt.

Konflikte haben oft sogar eine positive und belebende Wirkung. Voraussetzung ist, die Konfliktenergie zu Leistungsenergie umzuwandeln. Dies gelingt, wenn der Konflikt als Möglichkeit erkannt und genutzt wird, die Beziehungen zwischen Menschen neu zu ordnen. Wenn die Ursachen des Konflikts identifiziert und ausgeräumt werden können und sich die Beziehung zwischen den Konfliktbeteiligten klärt lassen, wirkt der Konflikt belebend auf die Teamarbeit. Er wird zum systemischen Bestandteil des Teamgefüges und kann genutzt werden, um zur Weiterentwicklung des Teams beizutragen. Allerdings: Das Vorhaben, einen Konflikt zu identifizieren und näher zu beschreiben, wird dadurch erschwert, dass die Ursachen sowohl sichtbar sein als auch im Verborgenen liegen können. Darauf verweist das Eisbergmodell (König, Schattenhofer 2016: 26 f.): Mit der Eisberg-Metapher ist gemeint, dass bei einem Konflikt wie bei einem Eisberg nur Teilaspekte sichtbar sind und einige der Ursachen – oft sogar die meisten und entscheidenden – verborgen bleiben. Ziel muss es darum sein, nicht nur die sichtbaren Konfliktursachen auf der Sachebene, sondern ebenso die verborgenen Aspekte der Beziehungen zwischen den Teammitgliedern und damit die soziodynamische Ebene sowie die psychodynamische Ebene des Konflikts zu erkennen (vgl. König/Schattenhofer 2016: 28 ff.).

Die Herausforderung besteht mithin darin, auch unter die Wasseroberfläche zu schauen, um die verborgenen Konfliktursachen ans Tageslicht zu befördern. Das kostet vor allem eines – nämlich Zeit.

Und es erfordert die intensive Beschäftigung mit den Menschen, die an einem Konflikt beteiligt sind. Und das sind zuweilen mehr Menschen als die erste Inaugenscheinnahme eines Konflikts vermuten lässt.

Mit Supervision und Mediation die Konflikthistorie erkennen

Aus meiner Sicht eignen sich vor allem die Supervision und die Mediation dazu, Konflikte im Unternehmen und in Teams zu bewältigen. Bei einer Supervision werden Einzelpersonen, Teams, Gruppen, Unternehmen oder Organisationen bei der Reflexion und Verbesserung ihres beruflichen, privaten oder ehrenamtlichen Handelns von einem Supervisor beraten und begleitet. Im Fokus steht die Selbstreflexion des Verhaltens und des Innenlebens der Beteiligten. Es geht um das Miteinander der Menschen im Kontext ihrer Aufgaben und des Systems »Unternehmen«, in dem sie interagieren.

Bei der Mediation wird ein Vermittler – ein allparteilicher Mediator, der zu Neutralität und Vertraulichkeit verpflichtet ist – eingesetzt, der die Konfliktparteien zu einer einvernehmlichen Konfliktlösung, also zu einer Win-win-Lösung führen soll. Ziel der Mediation ist eine Vereinbarung, die von den Beteiligten am runden Tisch gemeinsam erarbeitet und dann auch verantwortet, mitgetragen und praktiziert wird. Die Teilnahme an der Mediation ist freiwillig, die Teilnehmer erarbeiten sich die Lösung des Konfliktes möglichst selbst.

Beide Vorgehensweisen sind aus meiner Sicht und meiner Erfahrung nach am besten geeignet, hochkomplexe Konflikte im Team zu bearbeiten und zu lösen. Der Grund: Sie ermöglichen es, dem eigentlichen Problem hinter dem Problem und dem (eigentlichen) Konflikt hinter dem Konflikt auf die Spur zu kommen. Ich möchte dafür ein authentisches Beispiel nennen.

Sowohl bei der Supervision als auch bei der Mediation kann diese Aufgabe von einer Führungspersönlichkeit übernommen werden. Sie sollte dann allerdings in der Lage sein, als vermittelnde und neutrale Person zu agieren – was natürlich keine leichte Aufgabe ist, weil es die Trennung von der Rolle als Führungsakteur voraussetzt. Wer jedoch eine Ausbildung zum Supervisor oder zum Mediator absolviert hat, kann dies durchaus leisten. Die effektivere und erfolgversprechendere Vorgehensweise besteht darin, diese Aufgabe einem Supervisor oder Mediator, der von außen kommt, zu übertragen. Erinnern Sie sich noch an das Fusionsunternehmen, in das ich gerufen wurde? Ich habe davon in der Einleitung zu diesem Buch berichtet. Ich möchte an dieser Stelle noch einmal näher darauf eingehen. Dabei ging es auch um einen Konflikt zwischen zwei Mitarbeiterinnen, der auf das Umfeld ausstrahlte und die Leistungsfähigkeit der Abteilung erheblich zu beeinträchtigen drohte. Nach zahlreichen Gesprächen mit den Mitarbeiterinnen und den Führungskräften zeigte sich in der Supervision, dass das ursächliche Problem keineswegs in dem Konflikt zwischen den zwei Mitarbeiterinnen bestand. Der Kernkonflikt war vielmehr das Resultat eben jener Unternehmensfusion, deren Folgen für die verschiedenen Unternehmensstandorte und die einzelnen Teams nie eindeutig geklärt worden waren.

In der Konsequenz fühlten sich die zwei Teamleiter, von denen ich berichtet habe, für ein und dasselbe Team zuständig. Die Mitarbeiter wussten nicht so recht, wer genau für welche Aufgabe zuständig war und welcher der Teamleiter welche Entscheidungsbefugnisse wahrnehmen durfte und musste. Eine entscheidende Rolle kam einem Abteilungsleiter zu, der aufgrund von individuellen Führungsdefiziten nicht in der Lage war, nach der Fusion neue tragfähige Teamstrukturen einzuziehen und zu etablieren. Eine Folge waren gleich mehrere verheerende, verdeckt geführte Machtkämpfe auf Abteilungsleiter- und Teamleiterebene – und eben jener Konflikt zwischen den zwei Mitarbeiterinnen, der sich zwar deutlich bemerkbar machte, aber letztendlich nur ein Symptom einer viel umfassenderen Konfliktlage war, die ich im Supervisionsprozess aufdecken und auflösen konnte.

Konfliktlösungen ohne agilen Zeitdruck angehen

Hier ist nicht der Platz, den komplexen Supervisionsprozess mit all seinen Einzelinterviews, Klärungsgesprächen und Workshops im Detail auszubreiten. Zum Ergebnis der Supervision (vgl. dazu Polz 2017a) sei nur so viel gesagt: Aus einer unsicheren und orientierungslos dahintreibenden Ansammlung von Führungskräften und Mitarbeitern ist mittlerweile ein in vielen Bereichen stabiles Gefüge mit Mitgliedern entstanden, die ein Wirgefühl verbindet. Die einzelnen Teammitglieder gehen die Herausforderungen, die durch die Fusion entstanden sind, in ihren jeweiligen Teams gemeinsam an. Sie kämpfen für ihr Unternehmen, mit dem sie sich nun zu hundert Prozent identifizieren.

Worum es mir geht: Teams haben immer eine Geschichte, eine oft langandauernde Entwicklungshistorie, in dem Beispiel jene Fusionshistorie. Und das gilt auch für die Konflikte, die in dem Team aufbrechen können. Die konkreten Umstände der Konfliktentstehung lassen sich nur nachvollziehen und verstehen, wenn die Vergangenheit bekannt ist, durch die beispielsweise die Umgangsformen im Team und die Beziehungen zwischen den Teammitgliedern geprägt worden sind. Dies belegt nochmals in aller Deutlichkeit:

Ein rasches Vorgehen bei der Konfliktlösung ist geradezu Gift für den Teamentwicklungsprozess und die Teamarbeit.

Die Konfliktlösung durch Supervision und Mediation braucht Ruhe, Muße und Selbstreflexion. Aus der agilen Perspektive heißt das aber leider oft: Sie kostet Zeit. Ich kann mich nicht des Eindrucks erwehren, dass in Unternehmen mit agilen Strukturen und agilen Teams oft die Tendenz vorherrscht, Konflikte unter den berühmt-berüchtigten Teppich zu kehren oder unprofessionell anzugehen, weil die nachhaltige Konfliktlösung nur Zeit kostet, mithin Zeit verschwendet wird. Die dahinterstehende Einstellung lässt sich in dem folgenden Ausruf zusammenfassen: »Die Konfliktlösung geht zu Lasten der Agilität und Schnelligkeit. Wir müssen aber rasch zu einem Ergebnis gelangen, damit wir weiterkommen«! Der Konflikt wird verdrängt, um den Schein zu wahren und um sich in vermeintlich friedlicher Stimmung wieder der Aufgabe widmen zu können. Eine konstruktive Streitkultur, in der Dissens ausgehalten werden kann, entsteht so nicht. Was jedoch dabei entsteht, ist eine trügerische Friedhofsruhe.

Um dies zu verhindern, müssen Sie dafür Sorge tragen, dass im agilen Team die Bewältigung von Konflikten ohne Zeitdruck erfolgen kann, selbst wenn dies auf Kosten eines agilen und schnellen Handelns geht. Es gilt:

Wenn Sie es mit der Konfliktlösung eilig haben, um rasch wieder ins agile Fahrwasser zu gelangen, sollten Sie langsam und behutsam agieren und sich die notwendige Zeit dafür nehmen.

Sie kennen gewiss den Spruch: »Wenn du es eilig hast, gehe langsam«. In Analogie dazu könnten wir sagen: »Wenn du Konflikte agil und trotzdem nachhaltig lösen willst, agiere langsam«. Aber Achtung: Trotzdem sollen und müssen Sie als coachende Führungspersönlichkeit nach Möglichkeiten suchen, die Bewältigung und Lösung von Konflikten wo immer möglich zu agilisieren. Entscheidend allerdings ist: Die Agilität darf nie zu Lasten der Qualität und der Nachhaltigkeit der Konfliktbewältigung gehen!

Mittelweg zwischen nachhaltiger Konfliktlösung und Agilität finden

Vielleicht rufen Sie jetzt aus: »Was denn nun, Herr Polz? Sollen wir uns Zeit lassen bei der Konfliktlösung? Oder sollen wir die Konfliktlösung agilisieren und nach Möglichkeiten suchen, auch Prozesse wie Supervision und Mediation zu beschleunigen und agile Elemente in sie hineinzutragen?« Ich möchte Ihnen dann antworten: Beides ist notwendig. Letztendlich geht es um die Versöhnung zwischen agilen und eher traditionellen Methoden. Die Vorgehensweisen dürfen nicht gegeneinander ausgespielt werden. Warum sollte es nicht möglich sein, aus beiden Welten das Beste zu übernehmen und von einem Entweder-oder-Denken zu einem Sowohl-als-auch-Denken zu gelangen? Um bei dem Beispiel der Konfliktlösung zu bleiben: Als coachende Führungspersönlichkeit sollten Sie – im Baustein 3, in dem wir uns mit dem »inneren Team« beschäftigt haben, klang es bereits an – über die Kompetenz verfügen, bei der Konfliktbewältigung achtsam und ohne Zeitdruck zu agieren, um sich auf einen längeren Konfliktlösungsprozess einlassen zu können und den Konflikt nicht als störendes Element zu betrachten, sondern als konstitutives Element der Teamentwicklungsgeschichte. Zugleich aber ist die Überlegung notwendig, an welchen Stellen des Konfliktlösungsprozesses sich agile Methoden und Techniken wie Scrum, Kanban oder Design Thinking einsetzen lassen, um zu einer Beschleunigung zu gelangen, ohne dass es – lassen Sie mich dies wiederholen – zu einer Qualitätseinbuße kommt.

Welche weiteren Möglichkeiten gibt es für Sie, Nachhaltigkeit und Schnelligkeit beziehungsweise Agilität im Konfliktlösungsprozess zu realisieren? Prüfen Sie, welche der folgenden Überlegungen für Sie von Bedeutung sind.

Überlegung 1: Einstellungen und Überzeugungen durch Selbstreflexion agil justieren

Wenn Sie als coachende Führungspersönlichkeit Konflikte nachhaltig lösen und darüber hinaus weitere traditionelle Methoden der Teamarbeit einsetzen, aber dabei trotzdem möglichst agil vorgehen wollen, sollten Sie vor allem Ihre Einstellungen und Überzeugungen nochmals überprüfen und gegebenenfalls den Agilitätsgrad Ihrer Einstellungen erhöhen. Das heißt: Sie sollten zur ständigen Selbstreflexion in der Lage sein. Im Konfliktlösungsprozess – bleiben wir bei dem Beispiel – fragen Sie sich ständig, inwiefern Ihnen bei Supervision und Mediation agile Techniken helfen, die Konfliktbeteiligten aktiv zu beteiligen. Hilft etwa ein Daily Meeting oder Tagesgespräch dabei, alle Beteiligten auf den neuesten Stand der Konfliktlösung zu bringen? Welche Visualisierungstechniken unterstützen Sie dabei, alle Teammitglieder beziehungsweise alle vom Konflikt Betroffenen rechtzeitig und umfassend zu informieren?

Überlegung 2: Die Perspektive wechseln und Widersprüche aushalten

Mit der Kompetenz zur Selbstreflexion steht eine weitere Fähigkeit in einem Zusammenhang, die Ihnen hilft, Konfliktlösungskompetenz mit agilen Methoden zusammenzubinden, nämlich die Fähigkeit zum Perspektivenwechsel: Sie sollten in der Lage sein, in die jeweilige Vorstellungswelt der Konfliktbeteiligten einzutauchen und den Konflikt aus dem Blickwinkel möglichst aller Beteiligten zu betrachten. Dazu müssen Sie sich von persönlichen Bezügen zu dem Konfliktgegenstand und den Konfliktparteien so weit wie möglich freimachen, um neutral und unvoreingenommen zu agieren. Dazu gehört die Kompetenz, Widersprüche und Gegensätze aushalten zu können. Komplexe Konflikte zeichnen sich dadurch aus, dass zwei oder mehrere der Konfliktparteien aus ihrer jeweiligen subjektiven Sicht »Recht« haben, es mithin keine objektive Wahrheit und kein eindeutiges »Richtig« und »Falsch« gibt.

Widersprüche und Gegensätze müssen dann auch nicht um jeden Preis geglättet oder beseitigt, sondern dürfen auch einmal als das stehen gelassen werden, was sie sind – eben unauflösbare Widersprüche.

Das ist für die coachende Führungspersönlichkeit, die im Konfliktfall als Moderator rasch dahin gelangen möchte, dass sich die Teammitglieder wieder ihren Aufgaben widmen können, nicht immer leicht auszuhalten. Auf der anderen Seite: Wenn sie den Konflikt nicht als hemmendes Element interpretiert, sondern als Belebung, kann sie einen Widerspruch eher stehen lassen und muss ihn nicht auf Biegen und Brechen auflösen. Meiner Erfahrung nach kann gerade dies zur Beschleunigung des Prozesses beitragen – aber nur, wenn auch die Teammitglieder den Konflikt aushalten und ihn stehen lassen können, ohne dass ihre Produktivität und Leistungsbereitschaft darunter leiden. Der Konflikt wird also akzeptiert, die Mitglieder lassen sich aber nicht davon beeindrucken und in ihrer Arbeit beeinträchtigen.

Die Vorgehensweise verlangt allen Beteiligten ein Höchstmaß an Konfliktkompetenz ab. Aber es sind nun einmal Situationen denkbar, in denen Konflikte einfach nicht zu lösen sind, sodass es erforderlich ist, dass das Team dies akzeptieren muss, um handlungsfähig zu bleiben. Der Konflikt wird nicht verdrängt, sondern in seinen Konsequenzen mit bedacht.

Ich möchte dazu das Beispiel eines Unternehmens anführen, in dem es in einem Team zu einem Beziehungskonflikt zwischen zwei Mitgliedern gekommen ist, der sich nicht ausräumen ließ. Aus fachlichen Gründen war es nicht möglich, eines der Mitglieder aus dem Team zu entfernen. Es konnte schließlich die Lösung gefunden werden, die Unauflösbarkeit des Konfliktes zu akzeptieren, zugleich jedoch die zwei Teammitglieder darauf zu verpflichten, dass der persönliche Konflikt keine negativen Auswirkungen auf die Teamarbeit nach sich ziehen dürfe. Den anderen Teammitgliedern wurde überdies das Recht eingeräumt, die Konfliktparteien darauf hinzuweisen, falls dies doch geschehen sollte. Der unbewältigte Konflikt wurde also offen kommuniziert und unter die Aufsicht der Teammitglieder gestellt – ein unorthodoxer, aber in diesem Fall doch erfolgreicher Umgang mit dem Konflikt.

Ohne dass mein damaliger Judolehrer seinerzeit in den Kategorien der agilen Teamarbeit gedacht oder Methoden wie Supervision und Mediation bewusst eingesetzt hätte, kann ich sagen, dass er bei der Konfliktlösung ganz im Sinne der hier vorgestellten Vorgehensweise agiert hat: Wenn er einen Teamkonflikt vermutete, ließ er notfalls das Training ausfallen, um in Einzelgesprächen und in der Teamdiskussion den Ursachen für den Konflikt auf die Schliche zu kommen. Oder er ließ das Training später beginnen, damit das Team, durchaus auch beim geselligen Zusammensein, sich aussprechen konnte. Ganz nach dem Motto: Teamentwicklung und Persönlichkeitsentwicklung des Einzelnen sind jetzt wichtiger als Training!« Dabei ging es ihm nicht darum, einen Schuldigen zu finden und verantwortlich zu machen, sondern sich in die jeweilige Position der beteiligten Jugendlichen zu versetzen. Keine Frage, das war angesichts unseres Alters und Verschiedenartigkeit nicht einfach. Sobald die Konfliktursache klar benannt werden konnte, hat er sein gesamtes Konfliktwissen in die Waagschale geworfen, um die Problemlösung zu beschleunigen, damit wir Judoka uns wieder voll und ganz auf unsere eigentliche Aufgabe fokussieren konnten.

Und wenn es einmal zwischen zwei Judoka zu einer heftigen Auseinandersetzung auf der Beziehungsebene kam, hat er uns verdeutlicht, dass der Konflikt im Rahmen unseres sportlich motivierten Zusammenarbeitens nicht gelöst werden kann und auch nicht gelöst werden muss, er aber die Vorbereitung auf den nächsten Wettkampf nicht negativ beeinflussen durfte. Eine Aussprache und ein kameradschaftliches Händeschütteln haben dann dazu geführt, dass sich die zwei Streithähne wieder in die Augen schauen konnten. Nachdem die Beteiligten dies akzeptiert hatten, konnte wieder die sportliche Herausforderung in den Mittelpunkt rücken.

Natürlich genügt es bei Konflikten im Unternehmen, am Arbeitsplatz und im Team nicht, sich die Hände zu schütteln. Aber die grundsätzliche Herangehensweise ist die gleiche wie damals im Judoteam: die direkte Ansprache des Konflikts zwischen den Konfliktparteien selbst, die Integration aller Beteiligten, keine technische Konfliktlösung, sondern eine menschliche Konfliktlösung als Ziel, selbst wenn dies bedeutet, dass auch einmal ein Dissens ausgehalten werden muss.

Überlegung 3: Berührungspunkte zwischen Agilität und Konfliktlösungsprozessen nutzen

Zielführend ist es zudem, wenn Sie Berührungspunkte zwischen Konfliktlösungsprozessen und agilen Methoden, die zweifelsohne vorliegen, nutzen. Konkret: Agile Teamführung setzt voraus, dass die Teammitglieder zur Selbstorganisation und zum eigenverantwortlichen Handeln befugt sind und dies auch leisten können – diese Fähigkeit können Sie nun bei der Bearbeitung von Konflikten durch Supervision und Mediation nutzen. Insbesondere bei der Mediation besteht eine wichtige Intention darin, dass die Teilnehmer die Konfliktlösung zwar mithilfe eines unterstützenden Mediators, aber letztendlich doch selbst herbeiführen sollen. Die Tatsache, dass die Menschen im agilen Team eine hohe Selbstorganisationskompetenz aufweisen, lässt sich im Mediationsprozess nutzen. Denn wer im Mediationsprozess steht, muss sich zuallererst mit sich selbst auseinandersetzen, eigene Widersprüche erkennen, Glaubenssätze überprüfen und eigenverantwortlich Entscheidungen treffen – für all das sind agile Teammitglieder prädestiniert.

Die Teammitglieder erhalten auf der Prozessebene Hilfestellung, finden im Mediationsprozess jedoch selbstorganisiert und selbstorganisierend Lösungen – das ist eine zutiefst agile Vorgehensweise.

Überlegung 4: Die individuelle Ausgangslage beachten

Für eine coachende Führungspersönlichkeit ist es wichtig zu berücksichtigen, mit wem sie zu tun hat – mit welchem Team und mit welchem Teammitglied. Was bedeutet das konkret? Sie erinnern sich an Baustein 6, in dem es um Hinweise ging, wie Sie mit hoch entwickelten agilen Teams auch ohne formale Machtbefugnisse arbeiten können, wobei die Teammitglieder von ihrem Selbstverständnis her es auch gar nicht erwarten und wünschen, dass Sie steuernd eingreifen. Allerdings: Meiner Ansicht nach sollte das Team an dieser Stelle nicht allein gelassen werden. Insbesondere wenn die Emotionen und Gefühle hohe Wellen schlagen – und das ist bei Konflikten so gut wie immer der Fall –, könnten selbst agil-holokratische Teammitglieder damit überfordert sein, einen komplexen und von heftigen Emotionen begleiteten Konflikt selbstständig zu bewältigen. Wahrscheinlich verfügen sie über die fachlichen Qualifikationen und auch die erforderliche Einstellung, einen Konflikt zum Beispiel im Konsens zu bewältigen. Gelingt es ihnen aber auch, in einer aufwühlenden und emotional belastenden Situation ihre Gefühle in den Griff zu bekommen?

Natürlich: Es kommt stets auf den Einzelfall und die individuelle Ausgestaltung des Konflikts an. Grundsätzlich jedoch bin ich der Meinung, dass Sie im Falle kräftig brodelnder und hochkochender Emotionen zumindest prüfen sollten, ob selbst im hoch entwickelten agilen Team ein mehr als nur moderierendes und coachendes Eingreifen angebracht ist.

Die Überlegungen leiten mich zu dem Schluss: Während es in hoch entwickelten agilen Teams durchaus notwendig sein kann, einen Weg zu finden, um doch noch – zumindest behutsam – lenkend einzugreifen, liegen die Dinge im klassisch-traditionellen Team etwas anders. Hier greifen Sie wahrscheinlich ganz selbstverständlich bei der Konfliktlösung ein, und das wird auch meistens so erwartet. Wobei es dann Situationen geben mag, in denen Sie den Fokus darauf richten sollten, die Mitarbeiter zu mehr Selbstständigkeit anzuleiten und ihnen Instrumente an die Hand geben, damit sie etwas aktiver und agiler an der Konfliktbewältigung mitwirken können.

Prüfen Sie von Fall zu Fall, ob Sie (im klassisch-traditionellen Team) Teammitgliedern bei der Konfliktlösung eher Freiraum zur Mitwirkung geben und sie ermutigen müssen, sich aktiv einzubringen, oder ob Sie im hoch entwickelten agilen Team moderierend und coachend und sogar lenkend eingreifen können.

Vier entscheidende Denkanstöße für die Teamführung

Denkanstoß 1: Wenn die coachende Führungspersönlichkeit es eilig hat mit der Konfliktlösung, um rasch wieder ins agile Fahrwasser zu gelangen, sollte sie langsam und behutsam agieren und sich die notwendige Zeit dafür nehmen. Denn ein agiles (rasches) Vorgehen in Konflikten ist meistens kontraproduktiv.

Denkanstoß 2: Auf der anderen Seite sollte sie überlegen, welche agilen Methoden und Vorgehensweisen sie nutzen kann, um bei der Konfliktlösung nicht unnötig Zeit zu verlieren.

Denkanstoß 3: Die Verknüpfung von Denkanstoß 1 und 2 gleicht der Quadratur des Kreises, ist aber möglich, wenn sich die Führungspersönlichkeit von einem Entweder-oder-Denken verabschiedet und ein Sowohl-als-auch-Denken aufbaut.

Denkanstoß 4: Dazu prüft sie, ob sie im klassisch-traditionellen Team Mitgliedern bei der Konfliktlösung Freiraum zur Mitwirkung geben und sie ermutigen muss, sich aktiv einzubringen. Im hoch entwickelten agilen Team hingegen greift sie notfalls moderierend, coachend oder sogar lenkend ein.

Ähnlich wie bei der Konfliktlösung gibt es weitere Situationen in der Teamarbeit, bei der ein Ausgleich gefunden werden muss zwischen einem agil-flexiblen Vorgehen und einem gemäßigteren Innehalten. Das gilt insbesondere für das Changemanagement und das Entscheidungsmanagement.

Baustein 9

Change- und Entscheidungsmanagement menschlich-agil gestalten

 Kapitel-Check

Was Sie in diesem Kapitel erwartet

Zu den großen Herausforderungen der coachenden Führungspersönlichkeit gehört es, mit den unterschiedlichen Mentalitäten der Teammitglieder angemessen umzugehen. Dies wird an den Beispielen Changemanagement und Entscheidungsmanagement erläutert.

Ihr Nutzen

Sie prüfen, ob und inwiefern Ihre Kompetenzen in den Bereichen Changemanagement und Entscheidungsmanagement ausbaufähig sind.

Die coachende Führungspersönlichkeit als Changemanager

In diesem Baustein geht es nicht darum, wie sich der Transformationsprozess, vor und in dem die meisten Unternehmen heutzutage stehen, mithilfe von Changemanagement bewältigen lässt. Wahrscheinlich haben Sie schon die notwendigen Schritte eingeleitet, um in Ihrem Verantwortungsbereich eine Kultur zu etablieren, die den konstruktiven und produktiven Umgang mit Veränderungen ermöglicht. Die Bewältigung dieser Herausforderung gehört zu Ihrem täglichen Arbeitspensum. Denn Sie benötigen eine Changekultur, mit der es Ihren Mitarbeitern und Ihnen gelingt, die massiven Veränderungen, die zunehmende Komplexität und die große Verunsicherung zu meistern, die den Arbeitsalltag immer mehr prägen. Auch um Ihre persönliche Bereitschaft zur Veränderung geht es jetzt nicht – das Vorhandensein dieser Bereitschaft und der entsprechenden Kompetenz darf vorausgesetzt werden. Was aber oft nicht bedacht wird, ist: Als coachende Führungspersönlichkeit müssen Sie sich darum kümmern, dass Ihre Mitarbeiter und Teammitglieder auf der persönlichen Ebene mit Veränderungen klarkommen.

Veränderungsprozesse mitarbeiterindividuell kommunizieren

Changemanagement ist ein klassisches Beispiel dafür, dass es zu Widersprüchen kommen kann zwischen dem Wunsch nach Agilität und rascher Anpassungsfähigkeit einerseits und andererseits der Notwendigkeit, einen Gang zurückzuschalten, sich Zeit zu lassen, in die Selbstreflexion zu gehen und Entwicklungen in Ruhe zu überdenken. Meistens haben diese Widersprüche mit der Unterschiedlichkeit der Teammitglieder zu tun.

Zwar gibt es in einigen Unternehmen das Bestreben, zwischen agilen und nicht-agilen Teams zu unterscheiden. Etwas vereinfacht ausgedrückt: In agilen Teams sitzen agile Teammitglieder, in nicht-agilen Teams hingegen Menschen, die zum agilen Arbeiten kaum oder gar nicht in der Lage sind. Klar ist: Bei der Teamzusammenstellung wird dann darauf geachtet, dass im agilen Team Menschen mitwirken, die die agilen Prinzipien verwirklicht haben. Diese sind von ihrer Mentalität und ihren Kompetenzen her willens und in der Lage, eigenverantwortlich zu entscheiden, ohne disziplinarische Kontrolle zu agieren und sich Aufgaben nicht von einer Führungskraft zuteilen zu lassen, sondern sich diese selbst zu verschaffen. Selbstreflexionsprozesse sind an der Tagesordnung und sorgen dafür, dass der Projektplan permanent überdacht und den neuen Rahmenbedingungen angepasst werden muss. Die Teammitglieder nähern sich dem Projektziel in Schleifen und sukzessive an.

Anders verhält es sich im nicht-agilen Team, hier gelten die klassischen Voraussetzungen: Aufgaben werden zugewiesen, es wird kontrolliert, es gibt einen linearen Projektplan, der beschreibt, welche Ziele in welcher Zeit und mithilfe welcher Ressourcen erreicht werden müssen. Bei Problemen, Hindernissen und Störungen tritt die Führungskraft auf den Plan.

Natürlich gibt es Menschen, die im agilen Team bestens aufgehoben sind und dort Spitzenleistungen erbringen können. Und es gibt, umgekehrt, Menschen, die sich aufgrund ihrer Mentalität und Persönlichkeitsstruktur im nicht-agilen Team pudelwohl fühlen. Als coachende Führungspersönlichkeit sollten Sie mit allen Mitarbeitern klarkommen und über die entsprechenden Führungsqualitäten verfügen, zumal es in jeder Gruppe auch noch unterschiedliche Typen gibt. Ein Beispiel: Im agilen Team mögen Mitarbeiter sitzen, die zwar tolle agile Teamworker sind, aber bei Veränderungsprozessen, die nicht den beruflichen, sondern den persönlichen Kontext betreffen, in Panik geraten. So habe ich einmal einen hochagilen Scrum-Manager betreut, der Innovationsexperte für Design Thinking ist und meistens in zwei oder drei Projekten zugleich involviert ist, bei denen die Entwicklung von Produktneuheiten im Mittelpunkt stehen. Der Change ist sozusagen das Lebenselixier dieses Scrum-Managers. Aber: Wenn es um selbst kleinste Veränderungen im privaten und zwischenmenschlichen Bereich geht, reagiert er hektisch, gestresst und mit Angstzuständen. So fällt es ihm schwer, mit neuen Teamkollegen rasch zu einer konstruktiven

Arbeitsbeziehung zu gelangen. Und das steht natürlich in einem eklatanten Widerspruch zu seinen hoch entwickelten agilen Arbeitskompetenzen. Ich wurde seinerzeit von der Führungskraft dieses Scrum-Managers um Rat gebeten. Das Hauptproblem:

> *Die Führungskraft konnte sich aufgrund der hochagilen Arbeitsweise des Scrum-Managers überhaupt nicht vorstellen, dass dieser Schwierigkeiten haben könnte, mit Veränderungen im persönlichen Bereich angemessen umzugehen.*

Im Coachingprozess ging es hauptsächlich darum, der Führungskraft Instrumente an die Hand zu geben, eine persönliche Beziehung zu den Mitarbeitern im Allgemeinen und zu dem Scrum-Manager im Besonderen aufzubauen. Die Führungskraft sollte lernen, die Persönlichkeit ihrer Mitarbeiter einzuschätzen und diese dabei zu unterstützen, Veränderungen auch im persönlichen Bereich besser zu managen. Der Scrum-Manager als eher introvertierter, fast schon »nerdhafter« Digital Native sollte mithilfe der Führungskraft dahin geführt werden, pro-aktiv und offen auf andere Menschen zuzugehen und neben der digitalen-agilen Veränderungskompetenz auch menschlich-persönliche Veränderungskompetenzen aufzubauen. Entscheidend für meinen Coachee, die Führungskraft, war der Lernprozess, die persönliche Dimension zu berücksichtigen und einzusehen, dass auch Menschen, die eine hohe Veränderungsaffinität im technisch-digitalen Bereich zeigen, diese Veränderungsbereitschaft im persönlichen Bereich noch lange nicht aufweisen müssen.

Auf den verallgemeinernden Punkt gebracht: Sie als coachende Führungspersönlichkeit sollten die Kompetenz haben, die Persönlichkeitsstruktur anderer Menschen einzuschätzen. Dann sind sie in der Lage, die Menschen bei der Bewältigung von auch persönlichen Veränderungsprozessen zu unterstützen. Sie können mit höchst unterschiedlichen Menschen angemessen interagieren und ihnen die Sinnhaftigkeit primär jener Veränderungen erläutern, die sich auf der zwischenmenschlichen Ebene abspielen.

Eine coachende Führungspersönlichkeit hilft allen Mitarbeitern, die jeweilige Komfortzone zu verlassen und die Zone zu betreten, in der eine Veränderung auch einmal kräftig weh tun kann. Sie sollten also sowohl Mitarbeiter unterstützen können, die grundsätzlich die Notwendigkeit von Veränderungsprozessen nicht nachvollziehen und akzeptieren wollen, als auch die Mitarbeiter, denen es nicht gelingt, förderliche Beziehungen zu den Kollegen aufzubauen. Darum stellt sich die Frage: Welche Fähigkeiten sollten Sie als coachender Changemanager beherrschen? Zum einen können Sie Ihre Mitarbeiter inspirieren, die Notwendigkeit und Zweckhaftigkeit persönlicher Veränderungsprozesse zu reflektieren, zu akzeptieren und durchzuführen. Zudem betreiben Sie ein Veränderungsmanagement, in dem der Mensch im Mittelpunkt steht. Denn Sie wissen, dass Veränderungsprozesse immer einen menschlichen Aspekt haben und von den Menschen Anpassungen im zwischenmenschlichen Bereich verlangen.

Des Weiteren lassen Sie Vielfalt zu und können Vielfalt managen, zum Beispiel durch den kollaborativen Führungsstil, der dazu dient, unterschiedliche Menschen zusammenzuführen und sie zu animieren, gemeinsam an einem Strang zu ziehen. Und Sie verstehen es, mit vollkommen unterschiedlich gestrickten Menschen zu kommunizieren, um ihnen entlang ihrer jeweiligen Werte-, Emotions- und Motivwelt Gründe an die Hand zu geben, gute Arbeitsergebnisse abzuliefern.

Zu guter Letzt: Sie können Widersprüche aushalten, konstruktiv mit ihnen umgehen und sich auf Experimente und Abenteuer einlassen. Die Changeprozesse müssen nicht immer bis ins letzte Detail durchgeplant sein, Sie sollten den Mut haben, neue und unbekannte Wege einzuschlagen und zu schauen, wohin der Weg führt.

Zentral sind Ihr Wille und Ihre Bereitschaft, mit jedem Mitarbeiter im vertraulichen Vieraugengespräch individuell zu klären, worauf die Aversion gegen eine Veränderung beruht, um auf einer fundierten Basis eine mitarbeiterfreundliche Problemlösung zu formulieren und umzusetzen. Ob dies nun der agile Mitarbeiter mit seinen Schwierigkeiten im zwischenmenschlichen Bereich ist oder das Mitglied des klassisch-traditionellen Teams, das von einer grundsätzlichen Angst gegen jede Art von Veränderung geplagt wird – Sie sind in der Lage, als coachende Führungspersönlichkeit angemessen zu reagieren.

Die Wahrscheinlichkeit, zu einer Problemlösung zu gelangen, wächst mit Ihrer Fähigkeit, auf den jeweiligen Charakter eines Mitarbeiters einzugehen. Beim nicht-agilen Mitarbeiter ist ein direktives und anweisendes Vorgehen in der Regel vollkommen in Ordnung, während es beim agilen Kollegen meistens zielführender ist, mit einem Feedback auf Augenhöhe zu agieren. Dabei gilt, dass Kommunikationstechniken wie aktives und wertschätzendes Zuhören, gezieltes Nachfragen und das Aussenden von Ich-Botschaften, bei denen Sie sich als Person einbringen und die Auswirkungen eines Mitarbeiterverhaltens auf Ihre Person präzise benennen, bei beiden Mitarbeitertypen hilfreich sind. So gelingt es Ihnen, beiden Mitarbeitertypen die Zweckmäßigkeit von Veränderungsprozessen zu verdeutlichen.

Wenn Sie im Team Changeprozesse erfolgreich umsetzen und Mitarbeitern helfen wollen, Veränderungsprozesse produktiv zu gestalten empfiehlt es sich, bewährte Changemanagement-Tools einzusetzen. Aus der Vielzahl der möglichen Tools stechen die acht Stufen der Veränderung nach John P. Kotter hervor (Kotter 2011), von denen jede mit einem grundsätzlichen Fehler, durch die Transformationsbemühungen verhindert werden können, in einem Zusammenhang steht. Die einzelnen Stufen sind:

- Erzeugung eines Dringlichkeitsgefühls,
- Aufbau einer Führungskoalition,

- Entwicklung von Vision und Strategien,
- Kommunikation der Vision des Wandels,
- Verantwortung auf eine breite Basis stellen, indem möglichst alle Mitarbeiter beteiligt werden,
- schnelle Erfolge erzielen – der rasche Erfolg ist meistens wichtiger als der langfristige, damit die beteiligten Mitarbeiter zeitnah motivierende Erfolgserlebnisse erfahren,
- diese Erfolge konsolidieren und
- neuen Wandel generieren sowie die neuen Ansätze in der Kultur verankern und bei den einzelnen Menschen neue Gewohnheiten aufbauen, die helfen, die Veränderung am Arbeitsplatz zu leben.

Entscheidend ist mithin, zunächst einmal ein Klima zu schaffen, in dem Wandel und Veränderung möglich sind, um dann möglichst alle Beteiligten einzubinden und zum Mitmachen zu motivieren, und zwar mit dem Ziel, nachhaltige Verhaltensveränderungen herbeizuführen und neue Gewohnheiten aufzubauen. Der Vorteil des Kotter-Modells liegt aus meiner Sicht darin, dass es insbesondere auf der ersten Stufe – der Stufe »Dringlichkeitsgefühl erzeugen« – auch und insbesondere auf die persönliche Ebene abhebt, indem etwa mit einem Mitarbeiter die Dringlichkeit, Notwendigkeit und Sinnhaftigkeit auch einer persönlichen Veränderung diskutiert werden kann.

Menschenkenntnis als Grundlage

Letztendlich kulminiert Ihr Anforderungsprofil als coachende Führungspersönlichkeit in Ihrer Fähigkeit, Ihre Menschenkenntnis zu verbessern. Es war gerade diese Menschenkenntnis, die meinen damaligen Judolehrer zu dem gemacht hat, was er für mich und meine Judokameraden bedeutet hat. Ohne seine Fähigkeit, sich in die Psyche und Vorstellungswelt, in die Wünsche, Hoffnungen, Ängste und Befürchtungen im sportlichen und auch im persönlich-privaten Bereich von uns jungen Menschen zu versetzen, hätte ich niemals die Erfolge feiern können, die ich erleben durfte. Und auch meine Persönlichkeitsentwicklung hätte einen anderen Verlauf genommen. Und das gilt nicht nur für mich. Wie schon einmal erwähnt: Judo ist eine Philosophie zur Persönlichkeitsentwicklung – und das war für meinen Judolehrer in der Zusammenarbeit mit uns immer am wichtigsten.

Wer die Fähigkeit hat, das Persönlichkeitsprofil der Menschen, der Mitarbeiter und der Teammitglieder adäquat einzuschätzen, kann sie bei der Bewältigung der Veränderungsprozesse – auch und vor allem derjenigen, die sich im persönlichen Bereich abspielen – individuell unterstützen. Darum kann es gewiss nicht schaden, wenn Sie sich mit Persönlichkeitsdiagnostiktools beschäftigen, mit denen es gelingt, in die Vorstellungswelt von Menschen einzutauchen und ihre bestimmenden Motive zu erkennen und festzustellen, welche Werte für sie von existenzieller und entscheidender Bedeutung sind. Einen guten Überblick zu renommierten Persönlichkeitstests finden Sie zum Beispiel auf der Internetseite *https://intrinsify. de/persoenlichkeitstest-vergleich*: Hier gibt es auch eine lesenswerte Darstellung des Nutzens sowie der Gefahren und Nachteile von Persönlichkeitstests.

Im vierten Baustein habe ich bereits auf aus meiner Sicht bewährte Instrumente zur Persönlichkeits- und Leistungspotenzialanalyse hingewiesen. Gute Erfahrungen habe ich mit den Hogan Persönlichkeitsassessments gemacht, bei dem drei Aspekte der Persönlichkeit im Fokus stehen: Potenziale, Risiken und persönliche Wertvorstellungen. Ich schätze an den Hogan Persönlichkeitsverfahren neben der hohen Validität, dass sie auch die Fremdwahrnehmung einer Person einbeziehen. In die Einschätzung fließt auch ein, wie eine Person von Vorgesetzten, Kollegen, Kunden etc. wahrgenommen wird. Es handelt sich um eine 360-Grad-Beurteilung der Persönlichkeit eines Menschen aus mehreren Perspektiven. Ähnliches gilt für das Leadership Circle Profile (LCP), ein Leadership-Entwicklungsmodell, das auf Modellen zur Persönlichkeitsentwicklung und dem 360-Grad-Feedback beruht. Es liefert vor allem Einblicke in existierende Leadership-Stärken und Weiterentwicklungspotenziale. Es hilft dabei, für die eigene Weiterentwicklung die richtigen Prioritäten zu setzen.

Sicherlich sollte die Grundlage der Einschätzung eines Menschen immer das persönliche Kennenlernen und das direkte Vieraugengespräch sein. Ein Persönlichkeitsdiagnostiktool kann meiner Erfahrung nach lediglich als Hilfsinstrument dienen. Die Ergebnisse einer Einschätzung einer Persönlichkeit, eines Persönlichkeitsprofils oder auch Tests müssen immer im persönlichen Gespräch überprüft und verifiziert werden.

Meine Empfehlung ist, sich mithilfe der Beschäftigung mit Persönlichkeitsdiagnostiktools vor allem dafür zu sensibilisieren, dass es eine Vielzahl an unterschiedlichen Persönlichkeitsaspekten gibt. Der Vorteil dabei ist, dass solche Tools zu einem Vokabular verhelfen, mit dem sich menschliche Verhaltensweisen konkret und anschaulich beschreiben und einordnen lassen. Sie erlauben eine Einordnung, wie Menschen ticken und warum sie so handeln, wie sie handeln, und bieten erste Erklärungsmuster für diese Verhaltensweisen an. Und das ist insbesondere bei Veränderungsprozessen von erheblicher Bedeutung. Der Neurowissenschaftler Gerhard Roth sagt dazu: »Rationale Appelle zur Veränderung, und sind sie noch so gut begründet, haben in aller Regel keinen Einfluss. Die Bildung des Willens zur Veränderung ist kein kognitiver, verstandesmäßiger, sondern zu hundert Prozent ein motivationaler Prozess. (...) Wenn wir bei einer Person eine Veränderung erreichen wollen, müssen wir erreichen, dass sie sich verändern will. Und das erreichen wir eben nicht dadurch, dass wir ihr objektiv die Vorteile der Veränderung aufzeigen, sondern dadurch, dass wir ihr subjektive Gründe gemäß ihrer Motive liefern, beziehungsweise sie dabei unterstützen, diese selbst zu finden.« Und: »Wenn wir die Motivation eines Menschen nicht kennen, können wir ihn auch nicht dabei unterstützen, zu erkennen, warum oder besser gesagt wofür er sich verändern soll.« (Bußmann 2019: 60, 62)

Dies ist für die Arbeit der coachenden Führungspersönlichkeit ein wichtiger Hinweis darauf, als Changemanager stets die Einzigartigkeit eines Teammitgliedes zu berücksichtigen und ihn konsequent individuell bei dem Umgang mit Veränderungen auf der persönlichen Verhaltensebene zu betreuen: »Es geht darum, einzusehen, dass eine bestimmte Person mit einer bestimmten Persönlichkeit eine ganz bestimmte Weise der Intervention braucht. Dass das oft nicht ausreichend passiert, ist eines der größten Mankos der Personalentwicklung: Der Mensch wird zu wenig in seiner individuellen Persönlichkeit abgeholt«, so Roth (Bußmann 2019: 58)

Erwerben Sie die Schlüsselfertigkeit, das Verhalten Ihrer Teammitglieder angemessen einzuschätzen, um sie mit der richtigen Intervention beim Umgang mit Veränderungen zu unterstützen.

Die coachende Führungspersönlichkeit als Entscheidungsmanager

In meiner Coaching- und Beratertätigkeit habe ich es oft erlebt, dass sowohl in agilen als auch in klassisch-traditionellen nicht-agilen Teams das Treffen von Entscheidungen zu den großen Herausforderungen zählt. Das hat viele Gründe, zentral ist: Eine Entscheidung bedeutet immer Verantwortungsübernahme, und davor scheuen viele Mitarbeiter zurück; übrigens auch Führungskräfte, obwohl es bei Leitenden eigentlich zur Aufgabenbeschreibung gehört, über Entscheidungskompetenz zu verfügen. Die Entscheidungsangst nimmt in VUKA-Zeiten zu, weil es auf undurchschaubarem, komplexem, unsicherem und unkalkulierbarem Boden immer schwieriger wird, zu einer fundierten Entscheidung zu gelangen.

Von der Schwierigkeit, in agilen Teams Entscheidungen zu fällen

Selbst in hoch entwickelten agilen Teams gibt es Mitarbeiter, denen es schwerfällt, Entscheidungen zu treffen. Oft kommen die Menschen – vor allem, wenn sie noch nicht allzu lange in Teamstrukturen ohne Hierarchien und ohne Führungskraft agieren müssen – nicht damit zurecht, dass Befugnisse und Entscheidungsprozesse in Mitarbeiterkreise hinein verlagert werden. Dass der Einsatz des Tools »Konsultative Einzelentscheidung« zu problematischen Situationen führen kann, habe ich in Baustein 7 berichtet. Hinzu kommt: In agilen Teams werden Entscheidungen oft mithilfe sogenannter Kreisstrukturen gefällt. Das heißt: Wenn es in einem Kreis bezüglich einer Entscheidung zu keiner Einigung kommt, wird die Entscheidung in den nächsthöheren Kreis verlagert. Stephan Lobodda vergleicht dies mit dem Subsidiaritätsprinzip, nach dem zunächst einmal auf einer Entscheidungsebene ein Konsens oder Kompromiss herbeigeführt werden soll: »Erst wenn dies nicht gelingt, greift die nächsthöhere Instanz ein, wird die Entscheidung also in den nächsthöheren Kreis verlagert.« Er beschreibt Möglichkeiten, um im agilen Team mithilfe der Kreisstruktur Entscheidungen herbeizuführen:

- »Jeder Kreis entsendet ein Mitglied in den nächsthöheren Kreis und ein Mitglied in den nächsttieferen Kreis. So bleiben die Berührungspunkte untereinander bestehen. Jeder dieser Mitarbeiter ist also in zwei Kreisen tätig und kann dort die Interessen des jeweils anderen Kreises vertreten.
- Neben den Mitarbeiterkreisen wird ein Steuerkreis implementiert, der die Zusammenarbeit koordiniert. Damit kein eigenständiger Kontrollkreis entsteht, der die traditionellen Machtverhältnisse durch die Hintertür wieder einführt, bestimmt ein Projektverantwortlicher einen Mitarbeiter aus jedem Kreis für den Steuerkreis. Hinzu kommt: Jeder Kreis entsendet zugleich einen von den jeweiligen Mitgliedern bestimmten Kollegen in jenen Steuerkreis.« (Lobodda 2019: 42 f.).

Ein weiteres wichtiges Prinzip ist der Konsent: Das Konsentprinzip besagt, dass keine Entscheidung getroffen werden kann, wenn ein Teammitglied einen schwerwiegenden und gut begründeten Einwand dagegen erhebt. Falls ein Teammitglied einen Einwand hat, muss es ihn ebenso wie sein Nein dezidiert und nachvollziehbar begründen. »Ein Einwand ist dann berechtigt, und auch nur dann, wenn das Ziel der Organisation (bzw. der Organisationseinheit) gefährdet ist. Darum ist jeder Einwandträger verpflichtet, seine Argumente verantwortlich zu begründen und einem dezidierten Realitätscheck zu unterziehen.« (Lobodda 2019: 44) Ich habe es immer wieder erlebt, dass Entscheidungen im agilen Team verhindert, blockiert oder zumindest verzögert wurden, weil Teammitglieder dieses Recht zum Einwand oder Nein missbraucht haben oder aber der Meinung waren, sie wären zu solch einem Einwand oder Nein berechtigt. Sie haben also einen Einwand geäußert und waren der Ansicht, dies sei aufgrund ihrer Begründung legitim. Oft genug hat sich dies als falsche Einschätzung herausgestellt. Hinzu kommt: Das Kriterium »Gefährdung des Ziels« ist nicht valide und durchaus interpretationsfähig: Wann genau gefährdet eine Entscheidung ein Ziel? Darüber lässt sich trefflich streiten.

Das heißt: Das Treffen und Fällen von Entscheidungen ist einer der möglichen Verhinderer einer zielgerichteten Arbeit im agilen Team. Ein zielgerichtetes Arbeiten gelingt nur, wenn alle Beteiligten über ein Höchstmaß an agiler Entscheidungskompetenz verfügen und das Konsentprinzip nicht missbrauchen.

Ein möglicher Ausweg bei Entscheidungsfallen besteht darin, Mitarbeiter, die einen Einwand erheben oder Nein sagen, darauf zu verpflichten, stets einen konstruktiven Alternativvorschlag zu unterbreiten.

So lässt sich verhindern, dass Mitarbeiter Einwände um ihrer selbst willen erheben. Sie müssen sie immer mit einem eigenen Lösungsangebot verknüpfen.

Entscheidungskompetenz ausbauen

Die beschriebenen Entwicklungen verdeutlichen, wie wichtig es für die coachende Führungspersönlichkeit ist, ihre Entscheidungskompetenz kontinuierlich auszubauen. Natürlich sollte sie möglichst viele Informationen sammeln, um auf dieser Grundlage zu einer Entscheidung zu gelangen. Dies darf aber nicht dazu führen, erst dann eine Entscheidung zu treffen, wenn tatsächlich alle Informationen vorliegen. Dieser perfektionistische Ansatz kann dazu führen, dass eine Entscheidung immer weiter hinausgeschoben wird und letztendlich Entscheidungssituationen vermieden werden, weil die Führungskraft die Verantwortung scheut.

Haben Sie die Courage, das gesicherte Terrain zu verlassen und in VU-KA-Zeiten Unsicherheit auch einmal auszuhalten. Entwickeln Sie den Mut zum »eigenen klaren Denken« (siehe dazu Radermacher 2018). Mehr noch als in nicht-agilen Zeiten ist Ihre Fähigkeit gefragt, beherzt eine Entscheidung auch ohne hundertprozentige Erfolgsgewähr zu treffen. Wobei es diese Gewähr bereits in vor-agilen Zeiten schon nicht gegeben hat. Wiederum gilt, dass die Entwicklung der Persönlichkeit eine entscheidende Variable ist. Denn wer in unsicheren Zeiten fundierte Entscheidungen treffen will, muss über eine starke Persönlichkeit verfügen und sich seiner selbst sehr sicher sein.

Drei entscheidende Denkanstöße für die Teamführung

Denkanstoß 1: Coachende Führungspersönlichkeiten unterstützen und begleiten Mitarbeiter und Teammitglieder insbesondere bei der Bewältigung von Veränderungsprozessen auf der persönlichen Ebene.

Denkanstoß 2: Wer dies leisten will, sollte bei den Verhaltensweisen der Mitarbeiter und Teammitglieder ansetzen. Denn Verhalten ist veränderbar.

Denkanstoß 3: Coachende Führungspersönlichkeiten sollten den Mut haben, selbst in unsicheren und komplexen Situationen klare Entscheidungen zu treffen.

Gelungene agile Teamarbeit fällt nicht vom Himmel. Darum lernen Sie im nächsten Baustein die Hindernisse und Blockaden kennen, die Ihnen mit einiger Wahrscheinlichkeit auf Ihrem Weg zur agilen Teamarbeit begegnen werden. Und natürlich zeige ich Ihnen kreative Lösungsmöglichkeiten auf.

Baustein 10

Stolpersteine auf dem Weg zur agilen Teamarbeit beseitigen

 Kapitel-Check

Was Sie in diesem Kapitel erwartet

Teamarbeit scheitert oft, auch die agile. Woran das liegen könnte, wird jetzt geklärt.

Ihr Nutzen

Sie erhalten Hinweise darauf, wie Sie diesen Stolpersteinen ausweichen oder sie vermeiden können.

Subjektive Stolperstein-Auswahl

Im Folgenden geht es weniger darum, ein stringentes Konzept zu beschreiben, das Sie im Rahmen Ihrer Teamarbeit beachten sollten. Vielmehr möchte ich Sie aus einer bewusst subjektiven Perspektive dafür sensibilisieren, welche Hindernisse auftauchen könnten, wenn Sie in Ihrem Verantwortungsbereich Teamarbeit optimieren möchten, ganz gleich, ob Sie mit einem bereits hoch entwickelten agilen Team, einem agilen Team oder einem klassisch-traditionellen Team zusammenarbeiten oder sich sogar der trialen Herausforderung (Baustein 6) stellen müssen. Von einer »subjektiven Perspektive« spreche ich, weil es sich um Stolpersteine handelt, die mir in meiner Arbeit als Coach und Trainer immer wieder begegnen. Gewiss lässt sich über gewisse Punkte streiten, aber Objektivität ist bei diesem Baustein nicht beabsichtigt. Und vielleicht wollen Sie mit mir in den kreativen Austausch gehen, welche Blockaden bei der Gestaltung erfolgreicher Teamarbeit Ihrer Erfahrung nach noch häufiger zu beachten sind als die hier dargestellten.

Fünfzehn Stolpersteine – und ihre Beseitigung

Es gibt viele Gründe, warum es bei der Einführung und Durchführung agiler Teamarbeit zu Problemen kommen kann, und im schlimmsten Fall gar zum Scheitern. Welchen dieser Stolpersteine sind Sie schon einmal begegnet? Bei welchen ist die Wahrscheinlichkeit hoch, dass Sie sie behindern?

Stolperstein 1: »Menschlichkeit in der Wirtschaft – das ist doch nur Kokolores«

In Gesprächen mit Unternehmern und Führungskräften, die sich mit der Verbesserung ihrer Teamstrukturen beschäftigen, bekomme ich zuweilen zu hören, dass der Aspekt der Menschlichkeit oder gar der Humanität als Sozial-Klimbim, »Kokolores« und »Berater-Sprech« abgetan wird. »Wir brauchen gute Ergebnisse, aber keine Streicheleinheiten für Teammitglieder«, heißt es dann. Allerdings: Das sind meiner Erfahrung nach dann nicht immer, aber oft genau diejenigen Unternehmen, in denen die Teamarbeit nicht zu den gewünschten Resultaten führt, eben weil zu effizienzorientiert und ergebnisorientiert gedacht wird. Solche Unternehmer und Führungskräfte sollten sich gezielt die Frage stellen, ob es nicht zielführender sei, sich von der Ausschließlichkeitsdoktrin zu verabschieden und das Entweder-oder-Denken endgültig auf den Müllhaufen der Geschichte der Teamarbeit zu werfen.

Besser ist es, zu einer Sowohl-als-auch-Haltung zu gelangen und beide Aspekte zu berücksichtigen: Menschenorientierung und Aufgabenorientierung, Humanität und Effizienzausrichtung, Wertschätzung und Wertschöpfung.

Es sollte zumindest die ernsthafte Beschäftigung mit der Frage erfolgen, ob sich Wirtschaftlichkeit und Menschlichkeit nicht doch verbinden lassen.

Stolperstein 2: Nicht vertrauen können
Elementarer Aspekt des im vierten Baustein beschriebenen Leadership-Ansatzes ist das Vertrauen, das die coachende Führungspersönlichkeit den Teammitgliedern entgegenbringt. Und das Vertrauen, das die Mitglieder der Führungspersönlichkeit zurückzahlen. Auch im hierarchiefreien hochagilen Team ist Vertrauen die wichtigste Währung, durch die Wertschätzung entsteht. Von besonderer Bedeutung ist das Erfahrungsvertrauen. Es entsteht durch positive und wertvolle Erlebnisse im Team und zwischen den Teammitgliedern. Es ist selten »von Anfang an« da, sondern bildet sich aus, es entsteht nach und nach und verstärkt und verdichtet sich, wobei es durchaus zu Rückschlägen kommen kann. Dabei gilt: Vertrauen hat etwas mit Zuverlässigkeit zu tun. Wer nicht weiß oder nicht einschätzen kann, wie sein Gegenüber reagiert, kann nicht vertrauen. Darum ist es so zentral, dass die Teammitglieder in der Interaktion und in der Kommuni-

kation miteinander erleben und erfahren, dass man sich vertrauen kann. Als Führungspersönlichkeit sollten Sie die sogenannten Vertrauenstreiber wie die bereits erwähnte Zuverlässigkeit, aber auch Glaubwürdigkeit und authentisches Agieren nutzen, um Vertrauen im Team, zwischen den Teammitgliedern und zwischen diesen und sich zu stiften.

Stolperstein 3: Mit dem alten Mindset agieren

Nicht nur Mitarbeiter scheuen Veränderungen oft, das gilt manchmal auch für Unternehmer und Führungskräfte, insbesondere dann, wenn die Geschäfte gut laufen. Sie sind nicht bereit, ihre Haltung zu hinterfragen, in die Selbstreflexion zu gehen und sich der Herausforderung zu stellen, dass sie selbst sich zunächst einmal verändern müssen, bevor sie dies von Mitarbeitern verlangen oder im Unternehmen als neue Ausrichtung propagieren können. Es fehlt an der Bereitschaft und Kompetenz, umzudenken und die eigenen Denkmuster und bisherigen Entscheidungsparameter auf den Prüfstand zu stellen. Das muss nicht immer heißen, dass diese ausgetauscht werden müssen. Sie sollten aber zumindest reflektiert und auf ihren Anpassungs- oder Veränderungsbedarf hin unter die kritische Analyselupe gelegt werden. Diese Bereitschaft muss und darf von den Unternehmern und Führungskräften eingefordert werden: Diese sollten den Austausch mit Menschen suchen, die sie dabei unterstützen, die Wahrnehmungsbrille und die Perspektive zu wechseln, und ihnen Instrumente und Tools an die Hand geben, die den Selbstreflexionsprozess auch bei ihnen in Gang setzen.

Stolperstein 4: Die Einzelinteressen stehen immer noch im Vordergrund

Wer erfolgreich im Team agieren will, muss bereit sein, etwas ans Team abzugeben, sich zurückzunehmen und etwas zurückzustecken. Die Unfähigkeit, die Teaminteressen in den Mittelpunkt und die Einzelinteressen in den Hintergrund zu rücken, gehört leider immer noch zu den Haupthindernissen bei der Durchführung effektiver Teamarbeit. Die Leitenden sollten mit gutem Beispiel vorangehen, sich ihrer Vorbildfunktion bewusst werden und ihre Argumentationsstrategie, mit der sie den Teammitgliedern die Relevanz der Teaminteressen verdeutlichen, optimieren. Und die Geschäftsleitung steht in der Pflicht, die Rahmenbedingungen zu verbessern, unter denen die Teamarbeit im Unternehmen stattfindet. Entscheidend jedoch ist die Fähigkeit der Führungspersönlichkeit zur Teamisierung, mithin die Bereitschaft und der Wille, die Erfolge, die nur durch die Synergieeffekte im Team zustande gekommen sind, auch als solche herauszustellen und zu loben. Die Sowohl-als-auch-Haltung hilft Ihnen, Einzelleistungen als Einzelleistungen und Teamleistungen als Teamleistungen zu erkennen und anzuerkennen.

Stolperstein 5: Einseitiges Rationalitätsdenken

Wie geht es Ihnen? Viele Menschen, auch Unternehmer und Führungskräfte, sind dem Rationalitätsmythos verhaftet und glauben, Entscheidungen sollten allein auf der Grundlage von Zahlen, Daten und Fakten getroffen werden. Aber ZDF-Teamarbeit führt selten zu jenem Mehrwert, der dadurch entsteht, dass Menschen mit Spaß und Freude an einem Strang ziehen. Bei der Teamzusammenstellung, bei der Konfliktlösung, bei Veränderungsprozessen und in vielen anderen Bereichen mehr muss die saubere Analyse das Fundament bilden. Dann aber gilt: Gefühle und Emotionen sind bei der Teamarbeit Tatsachen, das darf niemals vergessen werden. Zentral ist die Aufgabe, als Führungspersönlichkeit im Team für eine kreative Atmosphäre zu sorgen, in der auch die Intuition und das Bauchgefühl eine Rolle spielen können und dürfen. Klar ist: Das Pendel darf nicht zur anderen Seite ausschlagen, die Ratio nicht vom Bauchgefühl verdrängt werden, wiederum gilt das Primat der Sowohl-als-auch-Haltung. Darum sollte es bei der Teamarbeit gewagt werden, ständig die Perspektive zu wechseln, das Selbstverständliche kritisch zu beäugen, auf die innere Stimme zu hören und Fragestellungen in ihr Gegenteil zu verkehren, um daraus kreative Funken zu schlagen. Tolle Ideen, die das Team weiterbringen, entstehen, wenn wir das System verlassen – so lautet der erste Lehrsatz der Kreativität.

Stolperstein 6: Einbindung der Beteiligten fehlt

Es ist erstaunlich: Selbst in holokratisch-soziokratischen Teams, in denen es keine Hierarchien gibt und der Selbstorganisationskompetenz der Teammitglieder vertraut wird, fehlt es zuweilen an der Einbindung der Beteiligten in die Veränderungsprozesse. Ich habe es erlebt, dass entgegen den Vereinbarungen das Management in die alten Denk- und Entscheidungsmuster zurückfällt und mit Anweisungen und Vorgaben agiert und die Arbeit des Teams so konterkariert hat. Dass die Teams in Eigenverantwortung handeln sollen, ist dann nur ein Lippenbekenntnis. Geschäftsleitung und Management, die das Scheitern der agilen Teamarbeit beklagen, müssen sich die Frage gefallen lassen, wie groß ihr Anteil daran ist. Teamarbeit mit menschlich-agilem Gesicht gelingt am besten dann, wenn die Betroffenen von Anfang an beteiligt und Strukturen geschaffen werden, die diese Beteiligung und Einbindung auch ermöglichen.

Stolperstein 7: Der Sinn wird vergessen

Ich bin sicher (ohne es freilich beweisen zu können): Ohne ein humanes Leitbild ist erfolgreiche Teamarbeit, ist erfolgreiche Unternehmensführung nicht möglich. Ob wir es Purpose, Sinn oder Unternehmenszweck nennen: Bei der Teamarbeit muss stets über den beschränkenden Tellerrand des operativen Geschäfts und des wirtschaftlichen Rentabilitätsdenkens hinausgesehen werden. Der Algorithmus darf die Menschlichkeit nicht verdrängen oder dominieren. Der Einsatz des Teams für das nächsthöhere Ganze, das größer ist als das Team und die Teamaufgabe selbst, muss immer wieder thematisiert werden.

Jeder Mensch hat etwas, das dem, was er tut, einen tieferen Sinn verleiht, weil es über die eigentliche Tätigkeit hinausweist.

Ein Team, das nicht weiß, wofür es kämpft und agiert, hat schon verloren. Das erinnert mich wieder einmal an meinen Judolehrer, der uns jungen Judoka vor einem wichtigen Wettkampf gegen einen anscheinend übermächtigen Gegner diese Geschichte erzählte:»Ich war gestern in einem Getränkefachmarkt. Dort kam ich mit einem Verkäufer ins Gespräch, der gerade dabei war, aus Hunderten von Getränkedosen einen knapp zwei Meter hohen Turm zu erbauen, das geschah natürlich aus Werbezwecken, ihr kennt ja diese Türme. Bei dem Getränk handelte es sich um einen Gesundheitstrank. ›Mühsam, mühsam‹, sagte ich zu ihm, ›ist das nicht eine sehr langweilige und nerventötende Aufgabe?‹ Er erhob sich und sagte mit einem Leuchten in den Augen: ›Klar. Aber ich bin selbst Vater von zwei Kindern, und ich möchte nicht, dass die Kids dieses ungesunde zuckerhaltige Energy-Zeug trinken. Ich leiste einen Beitrag, dass mehr Schulkinder diesen Gesundheitstrank in ihren Schultornistern haben.‹«

Dieser Vater und Verkäufer ging ganz und gar in seiner Aufgabe auf, weil sie mehr für ihn bedeutete als das, was augenscheinlich und von außen wahrgenommen werden konnte, nämlich das bloße Aufeinanderstapeln von Dosen. Unser Judotrainer hat uns dann klargemacht, dass auch unser Wettkampf am nächsten Tag mehr war als nur ein Wettkampf, sondern die einmalige Chance, einen schier unschlagbaren Gegner zu besiegen, indem wir als Team über uns hinauswuchsen. Ich weiß gar nicht mehr, ob wir tatsächlich gewonnen haben, wahrscheinlich nicht, aber an die Ansprache erinnere ich mich noch heute bei so gut wie jedem Kunden, dem ich dabei unter die Arme greife, seine Teamarbeit zu verbessern.

Stolperstein 8: Wirkkraft der kollektiven Intelligenz vernachlässigen

Die Aussage, das Ganze sei mehr als die Summe seiner Teile, haben Sie im Zusammenhang mit der Entfaltung von Teamintelligenz und kollektiver Intelligenz schon gehört. Von dem Gestaltpsychologen Kurt Koffka (1886-1941) stammt der Satz, das Ganze sei etwas anderes als die Summe seiner Teile. Immer noch verlassen sich allzu viele Unternehmer und Führungskräfte auf die Genialität des Denkens und der Arbeit einzelner Menschen. Die Wirkkraft der Teamarbeit hingegen, bei der mehrere Menschen sich zusammentun, um gemeinsam gute Resultate zu erzielen, wird häufig unterschätzt. Auf der anderen Seite gibt es Aufgaben, die besser nicht im Team, sondern von einer Einzelperson gelöst werden sollten. Und sicherlich gibt es Menschen, die mit Still- und Einzelarbeit zu besseren Resultaten gelangen. Entscheidend aber ist, dass diese Menschen dann wohl nicht zur Teamarbeit geeignet sind. Das darf nicht zu dem Fehlschluss führen, Teamarbeit sei grundsätzlich ein ungeeigneter Weg zu guten Resultaten.

Stolperstein 9: Die Unterschätzung der Tools und Instrumente
Agile Teamarbeit scheitert zuweilen, weil es an den entsprechenden Tools und Methoden fehlt, die entweder gar nicht oder unzureichend zum Einsatz gelangen. Wie so oft muss beides stimmen: der theoretische »Überbau«, also die Haltung, die Einstellung, die Überzeugung von der Leistungsfähigkeit der agilen Teamarbeit, und zudem der »Überbau«, das Fundament. Wenn agile Teamarbeit Früchte tragen soll, ist es gut und richtig, wenn sich alle Beteiligten mit den notwendigen Tools und Methoden wie etwa Design Thinking, Kanban und Lean Management auskennen und sie nutzbringend einzusetzen verstehen.

Stolperstein 10: Keine Zeit haben
Ein Paradox in digitalen Zeiten ist, dass immer »alles« schneller gehen muss, aber gerade Veränderungsprozesse im Beziehungsbereich Zeit brauchen, um nachhaltig wirken zu können. Es gilt Ähnliches wie das, was bei der Konfliktlösung in Baustein 8 gesagt wurde: Wenn Sie es mit der Konfliktlösung eilig haben, um rasch wieder ins agile Fahrwasser zu gelangen, sollten Sie langsam und behutsam agieren und sich die notwendige Zeit dafür nehmen. Gerade bei der Einführung und Implementierung von agiler Teamarbeit und holokratisch-soziokratischen Strukturen ist es notwendig, die Menschen mitzunehmen und ihnen die neuen Instrumente und agilen Methoden zu erläutern und den Umgang damit einzuüben und zu trainieren. Es steht in der Verantwortung des Managements und der

Geschäftsleitung, dass die dafür notwendige Zeit schlicht und einfach zur Verfügung steht. Wenn die Führungspersönlichkeit fragen muss, wann sie denn bitte schön all diese Techniken mit den Mitarbeitern trainieren und die Teammitglieder auf die Aufnahme agiler Teamarbeit vorbereiten soll, läuft in dem Unternehmen etwas falsch. Wenn aber diese Zeit zur Verfügung steht, muss sie von der Führungspersönlichkeit auch genutzt werden, indem sie ihr persönliches Zeitmanagement hinterfragt und prüft, ob sie ihrer essenziellen Aufgabe, nämlich Menschen zu führen, nicht nur qualitativ, sondern auch quantitativ angemessen nachkommt.

Stolperstein 11: Die Chemie stimmt nicht

Nach wie vor scheitert Teamarbeit, selbst in hoch entwickelten agilen Teams, weil sich einzelne Teammitglieder einfach nicht riechen können und die Chemie zwischen ihnen nicht stimmt. Persönliche Animositäten und Empfindlichkeiten gibt es auch im hoch entwickelten agilen Team. Dies strahlt auf das gesamte Team ab und schmälert die Teamleistung insgesamt. Darum gehört es zu den dringlichsten Aufgaben der coachenden Führungspersönlichkeit, die Beziehungen zwischen den Teammitgliedern zu harmonisieren. Im schlimmsten Fall ist es unumgänglich, ein Teammitglied aus dem Team zu entfernen. In hoch entwickelten agilen Teams mit hohem Selbstorganisationsgrad ist dies zwar eine Aufgabe der Mitglieder selbst. Allerdings: Meiner Erfahrung nach ist dies eine der Fälle, bei denen die Geschäftsleitung und das Management selbst in solchen Teams eingreifen sollte, weil es bei Fragen des Recruiting, der Teamzusammenstellung und der Entlassung von Teammitgliedern an Grenzen stößt.

Stolperstein 12: Den Selbstorganisationsgrad über- oder unterschätzen

Handelt es sich bei einem agilen Team bereits um ein hoch entwickeltes? Inwiefern sind alle Teammitglieder bereit und kompetent, agil zu agieren? Oft fällt es Führungspersönlichkeiten nicht leicht, den Selbstorganisationsgrad eines Teams adäquat einzuschätzen, sodass es zur Unter- oder Überforderung des gesamten Teams oder zumindest einzelner Teammitglieder kommt. Der für die erfolgreiche Teamarbeit so wichtige Flow-Zustand (Csíkszentmihályi 2014) will sich nicht einstellen. Entscheidend ist, konkrete Kriterien festzulegen, anhand derer sich der Selbstorganisationsgrad des Teams und der einzelnen Mitglieder bestimmen lässt.

Stolperstein 13: Keine Kompetenz zur Selbstreflexion

Die Unfähigkeit, eine Lernkultur zu etablieren, in der Fehler als Lernchancen interpretiert werden – diese von mir bereits des Öfteren angesprochene Schwachstelle spielt leider auch bei der Frage, warum agile Teamarbeit so oft scheitert, eine Rolle. Ich habe es in Unternehmen oft erlebt, dass nach außen hin kommuniziert wurde, man wolle Fehler als Chancen nutzen, dann aber doch vor allem nach einem Verantwortlichen gefahndet wurde. Die kontraproduktive Fehlerfokussierung und die Suche nach einem Schuldigen scheinen unausrottbare Schwächen in vielen Firmen zu sein. Darum muss endlich die Beantwortung der Frage, wie man es nach einem Fehler in Zukunft besser machen kann, in den Mittelpunkt rücken.

Dabei nehmen die Kompetenz zur lösungsorientierten Selbstreflexion und zum Perspektivenwechsel eine dominante Stellung ein.

Vorrangig ist die Fähigkeit, sich unter dem Primat der kontinuierlichen Verbesserung zu fragen, was nicht funktioniert hat, um auf dieser Basis Verbesserungsoptionen zu formulieren. Wichtig ist zudem die Schaffung eines Klimas im Unternehmen, das dazu ermutigt, Fehler machen zu dürfen, weil dies ein Weg zur Verbesserung ist.

Stolperstein 14: Übertriebener Perfektionismus

Bei der Einführung neuer Führungsstrukturen tendieren Unternehmer und Führungskräfte aufgrund eines übertriebenen Perfektionismus dazu, erst zu starten, wenn alle Eventualitäten bedacht und alle Unklarheiten ausgeräumt worden sind. Denn oft hat diese Einführung mit einem Paradigmen-wechsel oder der Veränderung der Führungs- und Unternehmenskultur zu tun – da will man nichts falsch machen. Allerdings stirbt dann auch die agile Teamarbeit oft in Schönheit, weil es nicht gelingen will, ins Handeln und die Umsetzung zu gelangen. Zwar gibt es wieder kein Patentrezept, aber ich rate den Verantwortlichen in den Unternehmen dazu, auch ein-mal fünf gerade sein zu lassen und lieber unperfekt zu starten als perfekt zu warten und zu scheitern. Auch dabei hilft die Übung, die Sie auf der nächsten Seite finden.

Stolperstein 15: Hundehäufchen-Management – fehlender Rückhalt in der Unternehmensspitze

Agile Teamarbeit lässt sich nur verwirklichen, wenn die Beteiligten an einem Strang ziehen, und dazu gehört insbesondere die Unternehmens-leitung. Fast alle der genannten Stolpersteine ließen sich vermeiden oder verkraften, wenn die Verantwortlichen in der Geschäftsleitung daran mit-wirken würden, sie aus dem Weg zu räumen, als Vorbilder zu agieren und für den Fall, dass ein Team oder eine Führungspersönlichkeit ins Strauchel geräte, beratend und unterstützend zur Verfügung zu stehen. Zentrale Vo-raussetzung dabei ist, dass die Verantwortlichen das vermeiden, was ich als »Hundehäufchen-Management« bezeichnen will: Der Unternehmer, der Geschäftsführer, der Verantwortliche an der Spitze lässt etwas fallen – und verschwindet rasch wieder. Pointiert ausgedrückt: »Wir führen jetzt agile Teamarbeit ein, nun macht mal« – und weg ist er. Die Führungskräfte mö-gen zusehen, wie sie zurechtkommen. Notwendig jedoch ist, dass der Ver-antwortliche an der Spitze die Vision mitliefert, den Leitstern am Himmel zeigt, erklärt, warum eine Neuerung oder Veränderung erfolgen soll und muss und überdies im Detail beschreibt, welchen Nutzen das Unternehmen, die Führungskräfte, die Mitarbeiter und alle anderen Beteiligten dabei ha-ben. Zudem sollte er ausformulieren, welche Chancen und Möglichkeiten es geben wird, aber dabei nicht verschweigen, welche Risiken und Gefahren zu überwinden sind – und den Weg zum Ziel zumindest skizzieren.

Übung: Stolpersteine beseitigen oder vermeiden

Stolperstein	Ausprägung bei Ihnen/Beschreibung	Was Sie zukünftig dagegen tun werden
1 Vernachlässigung/ Menschlichkeit		
2 Nicht vertrauen können		
3 Altes Mindset beibehalten		
4 Auf Einzelinteressen konzentrieren		
5 Einseitiges Rationalitätsdenken		
6 Fehlende Einbindung der Beteiligten		
7 Mangelhafte Sinnfokussierung		
8 Vernachlässigung der kollektiven Intelligenz		
9 Unterschätzung der Bedeutung von Tools		
10 Keine Zeit		
11 Chemie zwischen Beteiligten stimmt nicht		
12 Selbstorganisationsgrad über-/unterschätzen		
13 Unzureichende Selbstreflexion		
14 Perfektionismus		
15 Hundehäufchen- Management		

Zwei entscheidende Denkanstöße für die Teamführung

Denkanstoß 1: Es ist zielführend, den Stolpersteinen auf dem Weg zur agilen Teamarbeit auszuweichen; wer aber stolpert, sollte dies als Chance sehen, daraus zu lernen und es beim nächsten Mal besser zu machen.

Denkanstoß 2: Stolpern kann weh tun und ist zuweilen schmerzhaft. Eine Krise bedeutet im Chinesischen sowohl »Moment einer Gefahr« als auch »Moment einer Chance«. Das griechische »krisis« meint den Höhe- oder Wendepunkt, von dem aus es nur noch besser werden kann. *Das* ist die lösungsorientierte Haltung einer coachenden Führungspersönlichkeit.

Jetzt ist es an der Zeit, die bisherigen Bausteine zusammenzufassen und einen Ausblick in die Zukunft des menschlich-agilen Leaderships einer coachenden Führungspersönlichkeit zu werfen.

Führungsherausforderungen souverän meistern

 Kapitel-Check

Was Sie in diesem Kapitel erwartet

Die bisherigen Erläuterungen werden zusammengefasst. Die coachende Führungspersönlichkeit ist in der Lage, Führungsstil- und Führungssouveränität aufzubauen.

Ihr Nutzen

Sie stellen fest, in welchem Ausmaß Sie bereits über Führungsstil- und Führungssouveränität verfügen.

Selbstbestimmt Führungsstile einsetzen

Stellen Sie sich vor, Sie wären in der Lage, souverän und sicher, frei und selbstbestimmt in jeder Führungssituation, in der Sie mit einem Menschen oder einer Gruppe, einem Team von Menschen interagieren wollen, fundierte Entscheidungen zu treffen und Menschen so führen, dass sie das Richtige tun. Sie verfügten damit über die Kompetenz, unter Berücksichtigung aller situativen und kontextuellen Parameter angemessen zu führen. Das ist recht unwahrscheinlich, nicht wahr? Denn auch die kompetenteste coachende Führungspersönlichkeit agiert und reagiert nicht immer angemessen, dazu ist auch sie »nur« ein Mensch. Zudem kann über die Angemessenheit einer Entscheidung oft erst im Nachhinein befunden werden, und eine zunächst als richtig erkannte Entscheidung stellt sich häufig erst zu einem späteren Zeitpunkt als doch äußerst fehlerbehaftet heraus. Oder auch umgekehrt: Eine Entscheidung, die kritisiert werden muss, zieht ungeahnte positive Konsequenzen nach sich.

Mit anderen Worten: Absolut richtiges Verhalten in jeder Führungssituation ist und bleibt ein Traum und eine Utopie. Was jedoch möglich und anzustreben ist: Die coachende Führungspersönlichkeit

- baut Führungssouveränität auf und
- ist so in der Lage, die unterschiedlichen Führungsstile souverän auszufüllen und
- in einem fundierten Selbstreflexionsprozess in jeder Führungssituation zu überlegen und zu prüfen, welche Führungsentscheidung die angemessenste ist.

Die unterschiedlichen Führungsstile souverän ausfüllen und Führungssouveränität aufbauen: Was konkret ist damit gemeint?

Führungsstilsouveränität und Führungssouveränität entwickeln

Die folgende Abbildung zeigt ein Führungsmodell, das darauf hinausläuft, als coachende Führungspersönlichkeit Führungsstilsouveränität aufzubauen. Das Modell beschreibt den Zusammenhang zwischen dem Reifegrad der Führungskraft beziehungsweise der Führungspersönlichkeit und ihren Kompetenzen. Dabei gilt grundsätzlich:

Je höher der Reifegrad und vielfältiger die Kompetenzen, desto mehr entwickeln Sie sich zu einer Führungspersönlichkeit, die über Führungsstilsouveränität und Führungssouveränität verfügt.

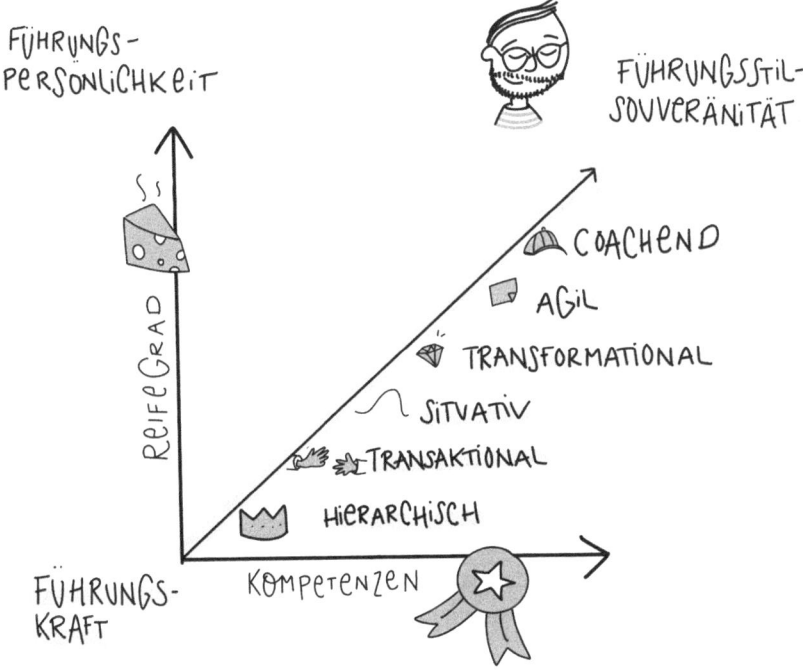

Der hierarchische Führungsansatz: Vertrauen ist gut, Befehl und Gehorsam sind besser

Lassen Sie uns die Inhalte des Führungsmodells im Einzelnen durchgehen. Zum einen gibt es den hierarchischen Führungsstil, bei dem die Steuerung der Organisation mithilfe von Verfahren, Normen und Produktivitätsvorgaben erfolgt. Der Führungsansatz basiert auf Kontrolle und Befehl und auf Top-down-Entscheidungen. Der Arbeitnehmer hat nur sehr wenige freie Entfaltungsräume und wird bei Entscheidungsprozessen nicht einbezogen. Die Vorteile dieses Führungsansatzes liegen darin, dass die Führungskraft die Kontrolle und die Macht in den Händen hält und so schnelle Entscheidungen treffen kann, für die sie die alleinige Verantwortung trägt. Die Entscheidungen brauchen nicht erklärt und dürfen nicht hinterfragt werden – es versteht sich von selbst, dass dies in kritischen Krisensituationen, in denen rasch entschieden werden muss, sehr hilfreich sein kann. Die Mitarbeiter und Teammitglieder wissen genau, »wo es langgeht«, der hierarchische – oder auch autoritär genannte – Führungsstil bietet zudem Orientierung und Sicherheit.

Es gibt auch Nachteile: Es mangelt an einer konstruktiven Fehlerkultur, die Mitarbeiter arbeiten oft nicht allzu motiviert, und wenn die Führungskraft keine Entscheidung treffen kann oder will, gerät der gesamte Prozess ins Stocken. Es kommt zum Phänomen der Verantwortungsdiffusion: Dabei wird die Verantwortung auf andere abgeschoben – obwohl jeder weiß, was zu tun wäre, kommt niemand ins Handeln. Das sollten Sie zu verhindern wissen.

Für den hierarchischen Führungsansatz gilt wie für alle anderen: Die kurzen, und zum Teil auch etwas verallgemeinernden Beschreibungen zeigen, dass jeder Führungsstil Nachteile, aber auch Vorteile hat, und damit seine Berechtigung. In Baustein 5 wurde es bereits gesagt: Den allein selig machenden Führungsstil gibt es nicht!

Der transaktionale Führungsansatz: Deal zwischen den Beteiligten

Kommen wir zum transaktionalen Führungsansatz. Er basiert auf dem sachlichen Austauschverhältnis (der Transaktion) zwischen der Leistung des Mitarbeiters und der Reaktion der Führungskraft darauf, die etwa in Form einer Bezahlung, eines Lobes oder eines Tadels erfolgt. Wir können von einem Deal zwischen den Beteiligten sprechen: »Bringst du Leistung, gibt es Anerkennung, Lob und materielle Belohnung!« Dazu werden verbindliche Zielvereinbarungen getroffen, die Motivation der Mitarbeiter geschieht durch die Klärung von Zielen und Aufgaben sowie die Delegation von Verantwortung und die Kontrolle der Leistung.

Aufgrund der sachlichen Transaktionen entstehen zwischen Führungskraft und Mitarbeitern selten echte und persönliche Beziehungen. Weil auf die Bedürfnisse der Mitarbeiter eher keine Rücksicht genommen wird, kann sich kein allzu hoher Motivationsgrad ausbilden, die Potenziale der Mitarbeiter werden daher nicht vollkommen ausgeschöpft. Weil die Führungskraft als Sanktionsinstanz auftritt, kommt es zu Konflikten. Wenn der Deal allerdings funktioniert, können Sie mit dem transaktionalen Führungsansatz zu guten Arbeitsergebnissen gelangen.

Der situative Führungsansatz: Eine Beziehung entsteht

Bei diesem sehr be- und anerkannten Führungsansatz, der auf Paul Herseys und Kenneth Blanchards (1977) Konzept der situativen Führung zurückgeht, passt die Führungskraft ihre Führungsarbeit der Situation und dem jeweiligen Mitarbeiter an. Das ist ein zentraler Schritt auf dem Entwicklungsweg von der Führungskraft zur Führungspersönlichkeit. In Baustein 5, Grundsatz 3, war schon einmal die Rede von diesem Führungsansatz und Führungsstil.

Entscheidend sind die jeweiligen Rahmenbedingungen, die Situation eines Mitarbeiters und die Ausprägung der Beziehung zwischen den beteiligten Personen. Die Stärken der verschiedenen Führungsstile werden miteinander kombiniert und verknüpft und in Abhängigkeit von der konkreten Situation aktualisiert. Die Mitarbeiter fühlen sich persönlich wahr- und ernstgenommen. Die individuelle Führungsarbeit hat in der Regel positive Auswirkungen auf die Motivation der Mitarbeiter und steigert die Leistung des Teams. Insbesondere leistungsorientierte Mitarbeiter fühlen sich animiert, sich zu engagieren, sodass die Mitarbeiterfluktuation, die Krankenstände und die Fehlzeiten sinken.

Aber auch der situative Führungsansatz weist Nachteile auf: An die Führungskraft werden recht hohe Anforderungen gestellt, sie muss den Reifegrad und die Kompetenzen der Mitarbeiter einschätzen und auf der Klaviatur der Führungsstile exzellent spielen können. Gelingt es ihr nicht, sich auf die Bedürfnisse der Menschen zu fokussieren, drohen rasch Demotivation und Frustration. Darum ist es notwendig, dass sich Ihr Reifegrad erhöht und Sie Ihre Führungskompetenzen ausbauen.

Der transformationale Führungsansatz: Führen mit Visionen, Vorbild und Inspiration

Die entscheidenden Stichworte bei diesem Führungsansatz lauten: Vorbildfunktion wahrnehmen, Vertrauen aufbauen, Respekt und Wertschätzung zeigen und Loyalität. Ein Ziel besteht darin, Mitarbeiter intrinsisch zu motivieren, damit sie von sich aus und aus freien Stücken an den notwendigen Veränderungs- und Transformationsprozessen mitwirken. Inspirierendes Führen ist möglich, wenn die Führungspersönlichkeiten mit Visionen vorangehen und dabei Sinnhaftigkeit vermitteln kann. Die Mitarbeiter identifizieren sich mit Unternehmen, Aufgabe, Team und auch den Führenden und sind bereit, eigeninitiativ innovative Problemlösungen zu kreieren.

Zwischen den beteiligten Menschen entstehen tiefgehende Beziehungen und Bindungen; wertschätzende Kommunikation und individuelle Förderung führen bei den Mitarbeitern zu einer hohen Arbeitszufriedenheit. Allerdings: Lässt die Begeisterungsfähigkeit der Führungspersönlichkeit nach, erstickt auch die Wirkkraft der Vision. Die Eigeninitiative der Mitarbeiter erhält einen Dämpfer, wenn die Vision zu abgehoben ist und sie den Glauben daran verlieren, sie umsetzen zu können. Darum ist es zielführend, dass Sie immer wieder das big picture malen, Initiativen ergreifen, damit die Mitarbeiter und Sie dafür brennen, und kräftig an der Verwirklichung der Vision arbeiten.

Der agile Führungsansatz: Flexibel Veränderungen begleiten und selbstorganisiertes Arbeiten zulassen

Im Fokus dieses Führungsansatzes steht das proaktive, antizipative, flexible und initiative Vorgehen, um eine maximale Anpassungsfähigkeit an die sich ständig verändernden Umfeldfaktoren zu erreichen. Wichtig sind die Entwicklung hin zur höchstmöglichen Kundenorientierung und die Entwicklung von hierarchischen Strukturen zu durchlässigen Netzwerkstrukturen, sodass die Informationen frei fließen können und transparente Kommunikationsflüsse entstehen. Prioritäre Ziele sind Kreativität und Innovationsstreben sowie eine chancenorientierte Fehlerkultur beziehungsweis eine Lernkultur, deren Ziel die ständige Verbesserung ist. Sie stellen – als Führungspersönlichkeit – einen Rahmen zur Verfügung, in dem die Mitarbeiter im Team selbstorganisiert Entscheidungen treffen, Verantwortung übernehmen und handeln können. Letztendlich kommt es zur sinnstiftenden Zusammenarbeit im Netzwerk, bei dem jeder seine spezifischen Stärken einsetzen kann, um den Teamerfolg zu ermöglichen.

Aber Achtung: Der agile Führungsansatz verlangt von Ihnen, auf althergebrachte Privilegien, Macht und Status zu verzichten. Sie müssen lernen, Selbstorganisation zuzulassen und das Team lediglich zu begleiten und die Teamprozesse zu koordinieren. Ihre entscheidende Aufgabe ist, ständig konstruktives und produktives Feedback zu geben und Feedbackschleifen in Gang zu setzen und in Gang zu halten. Damit müssen Sie sich auseinandersetzen – auch mit der Tatsache, dass manche Mitarbeiter sich verloren fühlen, wenn sie ohne konkrete Vorgaben arbeiten sollen. Einige Mitarbeiter wiederum tendieren dazu, die neuen Freiheiten auszunutzen, während andere sich überfordert fühlen.

Der coachende Führungsansatz: Hilfe zur Selbsthilfe geben

Damit ist jener Führungsstil gemeint, von dem in diesem Buch hauptsächlich die Rede ist: Die coachende Führungspersönlichkeit ist vor allem dazu fähig, auf den agilen Entwicklungsgrad des Teams einzugehen und es kongenial und moderierend zu begleiten, ganz gleich, ob es sich um ein klassisch-traditionelles Team handelt oder um ein Team, das sich auf dem Weg zur Agilität befindet, oder ein hoch entwickeltes agiles Team. Dies gelingt, weil sie ganz und gar mit aufrichtigem Interesse auf die Betrachtung der Innenwelt der Mitarbeiter fokussiert ist und sich permanent fragt, wie es ihr gelingen kann, die berufliche und auch persönliche Weiterentwicklung der Mitarbeiter zu unterstützen und zu fördern. Mit hoher Achtsamkeit und Sensibilität reflektiert sie, was um sie herum geschieht, und macht sich Gedanken über Werte, Einstellungen, Motive, Überzeugungen, Denkmuster und Glaubenssätze, und zwar bezogen auf sich selbst, aber auch auf ihr jeweiliges Gegenüber.

So kann sie sich in die Vorstellungswelt ihrer Mitarbeiter versenken und aus deren jeweiliger Perspektive heraus Veränderungs- und Entwicklungsprozesse anstoßen und dabei Hilfe zur Selbsthilfe geben.

Ihr liegt es am Herzen, dem Mitarbeiter zu eigenständigen Problemlösungen zu verhelfen, indem er seine Stärken konsequent nutzt und seine Potenziale und Ressourcen vollends ausschöpft. Darum konzentriert sie sich darauf, die richtigen Fragen zu stellen und den Mitarbeitern zur ergebnisorientierten Selbstreflexion zu verhelfen: Diese sollen sich darauf konzentrieren können, was bereits gelingt, um hier mit weiteren Veränderungs- und Verbesserungsaktivitäten anzusetzen.

Auch hier gilt: Der coachende Führungsstil könnte von Mitarbeitern ausgenutzt werden; in hektischen Krisen- und Konfliktsituationen und bei Zeitdruck stößt er zuweilen an seine Grenzen.

Die souveräne und autonome Führungspersönlichkeit

Bitte blicken Sie mit mir noch einmal auf die Abbildung auf Seite 217 zu Beginn dieses Bausteins. Die größte Herausforderung, vor der Sie in Zukunft stehen, ist, jeden der genannten Führungsstile in Anlehnung an und in Abhängigkeit zu Situation, Person(en) und Kontext einzusetzen. Sie sind so in der Lage, sich der Komplexität heutiger Führungsabläufe anzupassen und diese unübersichtliche Vielschichtigkeit souverän zu bewältigen.

Es geht dabei allerdings nicht darum, sich von Führungsstil zu Führungsstil zu entwickeln, also zum Beispiel mit dem hierarchischen zu beginnen und sich dann über den transaktionalen, situativen und transformationalen Führungsansatz bin hin zum agilen weiterzubilden, um schließlich zum guten Ende den coachenden Führungsstil zu beherrschen. Jeder der dargestellten Führungsansätze hat seine Berechtigung, seinen Nutzen, seine Vor- und Nachteile – es geht nicht darum, sie bewertend in eine Rangordnung zu bringen. Nein: Sie müssen und sollten alle Führungsstile beherrschen und adäquat einsetzen können.

Übung: Führungsstilsouveränität erlangen

Führungsstil	Inwiefern beherrschen Sie die entsprechenden Fähigkeiten?	Was wollen Sie tun, um die Fähigkeiten zu erwerben oder auszubauen?
Hierarchisch		
Transaktional		
Situativ		
Transformational		
Agil		
Coachend		
Führen mit Selbstreflexionskompetenz		

Dabei sind vor allem zwei Fähigkeiten von herausragender Bedeutung: die kontinuierliche Entwicklung Ihrer Persönlichkeit und die Selbstreflexion. Dass Sie die jeweiligen Techniken der verschiedenen Stile erlernen müssen, muss nicht eigens betont werden. Wieder einmal ist ein Vergleich mit dem Judosport angebracht: Auf der Judomatte stehend, müssen Sie je nach Gegner und Situation sich dafür entscheiden, jetzt genau denjenigen Griff einzusetzen, der Ihnen zum Sieg verhilft. Und diesen Griff müssen Sie natürlich aus dem Effeff beherrschen. Ähnlich verhält es sich bei der Führung: Souverän setzen Sie den Führungsstil ein, der im Hier und Heute am besten geeignet ist, um eine Herausforderung zu bewältigen.

Zurück zur Persönlichkeitsentwicklung und zur Selbstreflexion. Führungsstilsouveränität und Führungssouveränität stehen mit Ihrer Kompetenz in einem Zusammenhang, sich nicht reaktiv zu verhalten und immer nur auf die eingefahrenen Handlungsmuster zurückzugreifen, die sich in der Vergangenheit bewährt haben. Als souveräne Führungspersönlichkeit sind Sie vielmehr fähig, Impulse aus Ihrem Umfeld aktiv zu steuern und kreativ zu beeinflussen und bewusste Entscheidungen zu treffen.

Damit dies gelingt, arbeiten Sie wo immer möglich an Ihrer Persönlichkeitsentwicklung, bauen mithin Ihre Stärken aus, mildern Ihre Schwächen, entfalten Ihre Potenziale, fragen sich quasi jeden Tag im Selbstreflexionsprozess, an welchen Stellschrauben Sie drehen sollten, um Ihre Persönlichkeit und Ihre Kompetenzen zu stärken und der Herausforderung, als Führungspersönlichkeit Zukunft zu gestalten, noch besser nachkommen zu können.

Sie haben sich davon verabschiedet, bei Ihren Entscheidungen darauf zu achten, was andere dazu sagen und darüber denken könnten. Sie glauben nicht, irgendwelchen Normen folgen oder irgendwelche Erwartungen, die von außen an Sie gestellt werden, erfüllen zu müssen. Vielmehr ist es Ihr Ziel, souverän und autonom zu agieren, weil Sie sich darüber bewusst und im Klaren sind, wofür Sie stehen und wofür Sie stehen wollen. Und darum gelingt es Ihnen nicht immer, aber immer öfter, sich Ihrer selbst und Ihrer Bedürfnisse bewusst und sicher zu sein und sich überdies Ihren Ängsten und Befürchtungen zu stellen und ihnen nicht auszuweichen, sondern sie für die Problemlösung zu nutzen.

Sie verfügen über eine hohe Selbstreflexionskompetenz, mit der es Ihnen gelingt, flexibel immer genau denjenigen Führungsstil anzuwenden, der notwendig ist, um die schwierige Situation auflösen, den Kontext zu beachten und die Verfasstheit der Menschen, mit denen Sie in der Situation zu tun haben, zu berücksichtigen.

Kurz: Sie tun schlicht und einfach das Richtige und Angemessene, weil in Ihrem Führungsköcher genau die Lösung steckt, deren Einsatz nun erforderlich ist. Ihre Kunst der Führungssouveränität besteht darin, diese Lösung aus dem Köcher ziehen und umsetzen zu können, um Zukunft zu gestalten: die Zukunft Ihres Unternehmens, Ihres Verantwortungsbereiches, Ihres Teams und Ihre eigene Zukunft.

Jetzt müssen Sie es nur noch tun.

Zwei entscheidende Denkanstöße für die Teamführung

Denkanstoß 1: Coachende Führungspersönlichkeiten spielen und agieren souverän mit den verschiedenen Führungsstilen und setzen in jeder Situation und in jedem Kontext und im Umgang mit den Mitarbeitern und Teammitgliedern genau den Stil ein, mit dem sich die Führungssituation lösen lässt.

Denkanstoß 2: Führungssouveränität entsteht durch Persönlichkeitsentwicklung und Selbstreflexion.

Anhang

Literaturverzeichnis

Allsafe GmbH: Unternehmensbroschüre. www.allsafe-group.com/fileadmin/user_upload/pdf/allsafe_Image_200dpi.pdf, aufgerufen am 26.08.2019

Amann, Andreas (2003): Vergemeinschaftungsmuster. Zugehörigkeit und Individualisierung im gruppendynamischen Raum. In: Der gruppendynamische Raum. Themenheft der Zeitschrift Gruppenpsychotherapie und Gruppendynamik 39 (3), S. 201–219

Belbin, Meredith (2010): Team Roles at Work. Routledge, New York, 2. Auflage

Bennis, Warren (2009): On becoming a Leader. The Leadership Classic. Basic Books, New York, 4. Auflage

Berth, Rolf (1993): Erfolg. Überlegenheitsmanagement. Econ Verlag, Düsseldorf

Bleher, Markus (2018): »Die Handschellen waren weg«. Interview zur agilen Transformation im Maschinenbau. In: managerSeminare, Heft 249, Dezember 2018, S. 38–43

Boston Consulting Group, StepStone und The Network (2018): Deutschland zweitbeliebtestes Arbeitsland weltweit. http://media-publications.bcg.com/Decoding-Global-Talent-2018_Deutschland-Zweitbeliebtestes-Arbeitsland_June2018.pdf, Juni 2018, aufgerufen am 26.08.2019

Buchinger, K. (2004): Gruppenarbeit und Teamarbeit in Organisationen. Ideologie und Realität. In: Velmerig, Carl, Otto; Schattenhofer, Karl; Schrapper, Christian (Hrsg.): Teamarbeit. Konzepte und Erfahrungen – Eine gruppendynamische Zwischenbilanz. Juventa, Weinheim, S. 210–266

Buhr, Andreas; Feltes, Florian (2018): Revolution? Ja, bitte! Wenn Old-School-Führung auf New-Work-Leadership trifft. GABAL Verlag, Offenbach

Bußmann, Nicole (2019): Wie veränderbar ist der Mensch? Neurowissenschaftler Gerhard Roth im Interview. in: managerSeminare, Heft 251, Februar 2019, S. 56–63

Claushues, Judith; Hurtz, Albert (2017): Lean Leadership. Agiles Lean gelingt nur mit den Menschen. BusinessVillage, Göttingen

Csíkszentmihályi, Mihaly (2014): Flow im Beruf: Das Geheimnis des Glücks am Arbeitsplatz. Klett-Cotta, Stuttgart

Culen, Julia (2018): Arbeitswelt 4.0. Mythen der Selbstorganisation. In: managerSeminare, Heft 239, Februar 2018, S. 42–50

Czichos Reiner (2018a): Das Kreativitätspotenzial der »Handarbeiter« nutzen. In: KMU-Magazin 08/2018, S. 35–37

Czichos Reiner (2018b): Digital Natives: Ab auf die Schulbank! In: wissensmanagement 04/2018, S. 34–35

Die Projektmanager (2019): Rangdynamik Modell. https://dieprojektmanager.com/rangdynamik-modell/, aufgerufen am 26.08.2019

Dilk, Anja (2017): Neue Kultur gesucht. Macht's menschlicher. In: managerSeminare, Heft 235, Oktober 2017, S. 18–26

Edding, Cornelia; Schattenhofer, Karl (2015a): Einführung in die Teamarbeit. Carl Auer Verlag, Heidelberg, 2. Auflage

Edding, Cornelia; Schattenhofer Karl (Hrsg.) (2015b): Handbuch Alles über Gruppen: Theorie, Anwendung, Praxis. Beltz Verlag, Weinheim, 2. Auflage

Fromm, Erich (2018): Haben oder Sein. Die seelischen Grundlagen einer neuen Gesellschaft. dtv, München. 45. Auflage 2018 (Ersterscheinung 1976)

Gallup Institut: Allgemeine Informationen zum Engagement Index: www.gallup.de und www.gallup.de/183104/german-engagement-index.aspx?g_source=link_intdede&g_campaign=item_183290&g_medium=copy, aufgerufen am 26.08.2019

Gay, Friedbert (2003): Das persolog Persönlichkeitsprofil: Persönliche Stärken ist kein Zufall. GABAL Verlag, Offenbach, 38. Auflage

Glasl, Friedrich (2017): Konfliktmanagement. Ein Handbuch für Führungskräfte und Berater. Haupt/Verlag Freies Geistesleben, Bern, Stuttgart, 11. Auflage

Gloger, Boris (2018): Agiles Recruiting – so funktioniert es. https://www.humanresourcesmanager.de/news/agiles-recruiting-so-funktioniert-es.html, Artikel erstellt am 26.05.2018, aufgerufen am 26.08.2019

Häusel, Hans-Georg (2014): Think Limbic! Die Macht des Unbewussten nutzen für Management und Verkauf. Haufe-Lexware, Freiburg, 5. Auflage

Hermann, Hans-Dieter (2008): Spuren im Schnee. Interview. In: Der SPIEGEL 13/2008, S. 132–135

Hersey, Paul; Blanchard, Kenneth u. a. (1977): Management of organizational Behavior. Utilizing Human Resources. Prentice-Hall, Upper Saddle River

Hofert, Svenja (2018a): Agiler führen. Einfache Maßnahmen für bessere Teamarbeit, mehr Leistung und höhere Kreativität. Springer Gabler, Wiesbaden, 2. Auflage

Hofert, Svenja (2018b): Das agile Mindset. Mitarbeiter entwickeln, Zukunft der Arbeit gestalten. Springer Gabler, Wiesbaden

Jumpertz, Sylvia (2018): Führungsaufgabe Ambidextrie. Die Wechselstrategie. In: managerSeminare, Heft 245, August 2018, S. 18–26

»Judo«. https://de.wikipedia.org/wiki/Judo, aufgerufen am 26.08.2019

König, Oliver; Schattenhofer Karl (2016): Einführung in die Gruppendynamik. Carl Auer Verlag, Heidelberg, 8. Auflage

König, Oliver (2012): Gruppendynamische Grundlagen. In: Strauß, Bernhard; Mattke, Dankwart (Hrsg.): Gruppenpsychotherapie. Lehrbuch für die Praxis. Springer Verlag, Heidelberg, S. 21–36

König, Oliver (2007): Macht in Gruppen. Gruppendynamische Prozesse und Interventionen. Klett-Cotta, Stuttgart, 4. Auflage

König, Oliver (Hrsg.) (2006): Gruppendynamik. Geschichte, Theorien, Methoden, Anwendungen, Ausbildung. Profil, München, 5. Auflage

Kotter, John P. (2015): Accelerate: Strategischen Herausforderungen schnell, agil und kreativ begegnen. Vahlen Verlag, München

Kotter, John P. (2011): Leading Change: Wie Sie Ihr Unternehmen in acht Schritten erfolgreich verändern. Vahlen Verlag, München

Kühl, Stefan (1994): Wenn die Affen den Zoo regieren. Die Tücken der flachen Hierarchien. Campus Verlag, Frankfurt am Main, New York. Das Buch ist 2015 in einer aktualisierten sechsten Auflage erschienen.

Laloux, Frederic (2015): Reinventing Organizations. Ein Leitfaden zur Gestaltung sinnstiftender Formen der Zusammenarbeit. Verlag Franz Vahlen, München

Lindinger, Christoph; Zeisel, Nora (2013): Spitzenleistung durch Leadership. Die Bausteine ergebnis- und mitarbeiterorientierter Führung. Springer Gabler, Wiesbaden

Lobodda, Stephan (2019): Soziokratische Prinzipien und Werte – die Voraussetzung für Zusammenarbeit. In: Lang, Michael; Scherber, Stefan: Der Weg zum agilen Unternehmen – Wissen für Entscheider. Carl Hanser Verlag, München, S. 39–56

Lubbers, Bernd-Wolfgang (2005): TeamIntelligenz: Ein intelligentes Team ist mehr als die Summe seiner Kompetenzen. Springer Gabler, Wiesbaden

ManpowerGroup Deutschland (2019): Bevölkerungsbefragung Arbeitsmotivation 2018. www.manpowergroup.de/neuigkeiten/studien-und-research/studie-arbeitsmotivation/, aufgerufen am 26.08.2019

Nebeling, Thomas (2018): Organisationale Ambidextrie. Online veröffentlicht am 16.05.2018, https://tarcus.com/blog/methoden-tools/organisationale-ambidextrie/, aufgerufen am 26.08.2019

Nezik, Ann-Kathrin (2019): Wie es uns gefällt. In: Der SPIEGEL 2/2019, S. 10–18

Oesterreich, Bernd; Schröder, Claudia (2017): Das kollegial geführte Unternehmen. Ideen und Praktiken für die agile Organisation von morgen. Vahlen Verlag, München

Penning Consulting (2018): Führungsbarometer, Teil 4: Führung. https://penning-consulting.com/wp-content/uploads/2018/10/studie_4.pdf, Köln, Juni 2018, aufgerufen am 26.08.2019

Persönlichkeitstests: https://intrinsify.de/persoenlichkeitstest-vergleich/, aufgerufen am 26.08.2019

Polz, Christian (2018a): Wege zur Selbstmotivation in Krisenzeiten. In: KMU-Magazin 03/2018, S. 61–63

Polz, Christian (2018b): Der Wissensmanager als Leader. In: wissensmanagement 03/2018, S. 38–39

Polz, Christian (2018c): Was einen Leader von Führungskräften unterscheidet. In: KMU-Magazin 01-02/2018, S. 12–14

Polz, Christian (2017a): Der Blick des Supervisors auf einen Teamkonflikt. Abschlussarbeit zur Supervisionsausbildung bei TOPS München-Berlin e. V. Unveröffentlichtes Manuskript

Polz, Christian (2017b): Führungsverhalten: Wie Leader abteilungsinterne Machtspiele lösen. In: KMU-Magazin 06–07/2017, S. 74–76

Polz, Christian (2017c): Lösungsorientierte Streitkultur im Unternehmen entwickeln. In: KMU-Magazin 05/2017, S. 64–66

Polz, Christian (2016): Führungskraft ist out, Führungspersönlichkeit ist in. In: wissensmanagement 08/2016, S. 44–45

Precht, Richard David (2018a): Maschinen ohne Moral. In: Der SPIEGEL 48/2018, S. 78–79

Precht, Richard David (2018b): Jäger, Hirten, Kritiker. Eine Utopie für die digitale Gesellschaft. Goldmann, München

Radermacher, Ingo (2018): Denk klar: Klug entscheiden in digitalen Zeiten. BusinessVillage, Göttingen

Reimann, Sascha (2018): Kollektive Intelligenz entwickeln. Was macht Teams gut? In: managerSeminare, Heft 247, Oktober 2018, S. 30–37

Reimann, Sascha (2017): Agilisierung der Unternehmen. Das Ende der Hierarchie? In: managerSeminare, Heft 236, November 2017, S. 18–25

Riemann-Thomann-Modell: www.karrierebibel.de/riemann-thomann-modell/, aufgerufen am 26.08.2019

Schattenhofer, Karl (2006): Was ist eine Gruppe? Gruppenmodelle aus konstruktivistischer Sicht. In: König, Oliver (Hrsg.): Gruppendynamik. Geschichte, Theorien, Methoden, Anwendungen, Ausbildung. Profil, München 5. Auflage, S. 129–157

Schattenhofer, Karl (1992): Selbstorganisation und Gruppe, Entwicklungs- und Steuerungsprozesse in Gruppen. Westdeutscher Verlag, Opladen

Schnetzer, Simon (2019): Studie: Junge Deutsche 2019. Die Lebens- und Arbeitswelt der Generation Z und Y. Quelle: www.simon-schnetzer.com (mit Downloadmöglichkeit einer Zusammenfassung der Studie unter https://simon-schnetzer.com/wp-content/uploads/2019/03/Highlights-Studie-Junge-Deutsche-2019-GenerationZ-GenerationY-Simon-Schnetzer-Jugendforscher.pdf), aufgerufen am 26.08.2019

Schott, Barbara; Seßler, Marion; Seßler, Helmut (2018): Verhandlungserfolge mit der Kraft der Emotionen. INtem Media, Mannheim

Schulz von Thun, Friedemann; Stegemann, Wibke (Hrsg.) (2012): Das innere Team in Aktion. Praktische Arbeit mit dem Modell. Rowohlt Taschenbuch Verlag, Reinbek bei Hamburg, 6. Auflage

Seligman, Martin (2015): Wie wir aufblühen. Die fünf Säulen des persönlichen Wohlbefindens. Goldmann Verlag, München

Sinek, Simon (2019): Finde Dein WARUM. Der praktische Wegweiser zu Deiner Bestimmung. Redline Verlag, München, 3. Auflage

Sinek, Simon (2014): Frag immer erst: WARUM. Wie Topfirmen und Führungskräfte zum Erfolg inspirieren. Redline Verlag, München

Thompson, George J.; Jenkins, Jerry B. (2018): Verbales Judo. Die sanfte Kunst der Überzeugung. mvg Verlag, München

Tuckman, Bruce W. (1965): Developmental Sequence in Small Groups. In: Psychological Bulletin, Vol. 63, 1965, S. 384–399

Velmerig, Carl Otto; Schattenhofer, Karl; Schrapper, Christian (Hrsg.). (2004): Teamarbeit. Konzepte und Erfahrungen – Eine gruppendynamische Zwischenbilanz. Juventa, Weinheim/München

Ware, Bronnie (2012): The Top Five Regrets of the Dying. Verlag Hay House, Australia (Deutsch: 5 Dinge, die Sterbende am meisten bereuen, Goldmann, München, 10. Auflage 2015)

Wittschier, Bernd W. (1998): Konflikt und zugenäht: Konflikte kreativ lösen durch Wirtschafts-Mediation. Gabler Verlag, Wiesbaden

Stichwortverzeichnis

Agiles Führen

Stefanie Puckett, Rainer M. Neubauer
Agiles Führen
Führungskompetenzen für die agile Transformation
2. Auflage 2021

320 Seiten; Broschur; 29,95 Euro
ISBN 978-3-86980-433-0; Art.-Nr.: 1053

Agiles Führen gilt als das Wundermittel schlechthin. Kaum eine Führungskraft kommt an dem Thema vorbei. Dennoch ist dieses Thema vielerorts nicht mehr als ein Schlagwort. Leider – denn agiles Führen kann sich jede Führungskraft aneignen und anwenden.

Was bedeutet agiles Führen im Kontext der digitalen Transformation? Wie verändert sie die Führungsaufgabe? Wie entwickelt man eigentlich agile Führungskompetenz im Alltag? Und wie wird man zum agilen Change Manager?

Neubauers und Pucketts Buch gibt Antworten auf diese Fragen. Es wirft einen Blick unter die Oberfläche und zeigt, welche Kompetenzen und Persönlichkeitseigenschaften agile Führungskräfte auszeichnen. Dabei hat es beide Seiten im Blick. Denn agile Führung muss authentisch sein und scheitert allzu oft am Widerstand der Mitarbeiter. Pragmatisch zeigt das Buch, wie sich diese Widerstände auflösen lassen und die Transformation der Organisation gelingt.

Auf Basis jahrzehntelanger Arbeit mit Führungskräften und eines wissenschaftlich untermauerten verhaltensorientierten Kompetenzmodells ist dieses Buch entstanden. Es lenkt den Blick darauf, wie wir mit agiler Führung unsere vorhandenen Stärken, Kompetenzen und Erfahrungen zukunftsfähig machen.

Digital Transformation Design

Dennis Lotter
Digital Transformation Design
33 Prinzipien, wie Sie Organisationen ins
intelligente Zeitalter führen
1. Auflage 2019

256 Seiten; Broschur; 29,95 Euro
ISBN 978-3-86980-458-3; Art.-Nr.: 1057

Die Digitalisierung hat schon viele Branchen umgekrempelt, manche sogar vernichtet. Und sie wird nicht als Hype vorüberziehen. Vielmehr wird sie eher noch schneller, noch radikaler unser Leben verändern. Denn das, was wir bisher erlebt haben, war erst der Anfang.

Aber wie bereitet man sich auf die bevorstehenden Umbrüche vor? Wie setzt man die digitale Transformation im Unternehmen in Gang? Welche Werkzeuge sind für die digitale Transformation hilfreich? Wie steuert man diese Transformation? Und vor allem: Was bedeutet digitale Transformation wirklich?

Das neue Buch von Prof. Lotter gibt Antworten auf genau diese Fragen. Es liefert 33 fundamentale Prinzipien und Tools, mit denen sich die digitale Transformation gestalten lässt. Mit diesem Playbook lassen sich zukunftsrelevante Fähigkeiten identifizieren und die eigene Roadmap zur digitalen Transformation entwickeln. Denn erst wer die Mechanismen der digitalen Transformation verstanden hat, kann sie gestalten.

Klare Kante

Ines Eulzer, Thomas Pütter
Klare Kante
Mitarbeiter mutig und auf Augenhöhe führen
2. Auflage 2020

240 Seiten; Broschur; 19,95 Euro
ISBN 978-3-86980-460-6; Art.-Nr.: 1077

Ines Eulzer und Thomas Pütter machen Mut, neue Wege in der Führung zu gehen: Weg von Alphatier, totaler Kontrolle und autoritärer Ansage. Hin zum Gestalter von echter Zusammenarbeit, zum Motor von Veränderung und moderner Führung, die Mitarbeiter inspiriert.

Klare Kante statt verarmter Führung: Aus Angst, keine Leute mehr zu finden, agieren immer mehr Führungskräfte nach dem Motto: »Bloß nicht anecken«. Sie verstecken sich hinter Pseudo-Regeln, geben nur noch Softie-Feedback und bleiben so vage und unverbindlich wie möglich. Die Folge? Führung verarmt und wird zur Fassade.

Echte Führung statt Aussitzen: Das andere Extrem sind Führungskräfte, die den Wandel zu Arbeitswelt 4.0 und Digitalisierung ignorieren und weitermachen wie bisher. Sie halten an starren Hierarchien fest, handeln egogetrieben oder sind mit Machtspielen beschäftigt, anstatt ihre Unternehmen zukunftsfähig aufzustellen.

Eulzer und Pütter gelten als Vorreiter für Führung 4.0 und sind Experten für Changemanagement. Ihre Hacks inspirieren zu einem neuen Führungsmindset und rütteln dazu auf, Unternehmenskultur und -strukturen zu transformieren. Hin zu New Work, Agilität und Führung auf Augenhöhe!

»Im Grunde dreht sich Führung nur noch um eine Frage: Gelingt es Führungskräften, ihre Mitarbeiter emotional mitzunehmen, oder nicht?«